西餐烹調

黃韶顏　倪維亞　曾群雄 編著

五南圖書出版公司 印行

序

西餐是由西方傳進來的餐食製作。

由於東西方在地球座落位置不同，生產的物產不同，所用的烹調方法、調味均有差異。

一般而言，西餐大多以科學的方法來指導做菜。常以溫度、烹調步驟、食材數量、營養成份，依標準食譜一定的程序就可製作出相同品質的菜餚。

西餐十分重視食物的選購，食材一定要新鮮，買回來的食材要經過適合的前處理、烹調及儲存，衛生條件十分重要，以個人衛生為首要條件，個人服裝及手部衛生十分講究。

西餐的烹調方法與中餐也有很大的差異，所用的爐灶亦有不同。各式湯類、蔬菜、沙拉、醬汁、蛋糕、麵包、西點的烹調，亦有所差異。

在此特別感謝六協興業股份有限公司，提供西餐刀具之資料。

本書介紹西餐刀具、烹調方法、各種菜式之烹調。希望藉由此書可傳播西餐之理論與實務。

本書曾群雄主廚在希爾頓工作25年，他將其專業之精隨撰寫要本書中，以提供給學子一些寶貴的西餐知識與技巧。

CONTENTS
目　錄

第一章

廚房衛生與安全

第一節　廚房衛生

　　廚房衛生是供餐當中首要注重的一件事，骯髒雜亂的供餐環境，易引起食物中毒事件，嚴重者甚至會鬧出人命。因此，隨時維護廚房清潔是不可忽視的要件，要隨時保持最乾淨的狀態。

一、消毒藥水的調製

　　根據食品衛生管理法的規定裡，與食物有直接或間接接觸的器具或是工作環境，都需要定期地消毒清洗，以控制病媒菌的孳生。身為廚房的工作人員，每一位員工最好都要會調消毒藥水。以下為消毒藥水的調製表：

表1-1　消毒藥水的調製表

消毒項目	基本水量	購買漂白水（氯）之濃度若為	漂白水使用量	備註
手部 抹布 地板 食物容器 餐具 鍋具 刀器具 砧板	5公升	5%	20C.C.	1.不論水量多寡，所調出之消毒水（洗滌水）的氯含量，均不得超過200ppm。 2.消毒藥水（洗滌水）的濃度過高，有黏、滑手的現象時，只要再適度加入清水稀釋即可。 3.利用左述項目的消毒液消毒完後，仍須使用清水清洗。
		6%	16.7C.C.	
		7%	14.3C.C.	
		8%	12.5C.C.	
		9%	11.2C.C.	
		10%	10C.C.	

二、砧板清潔與保養

　　在分解或切割食物的時候，砧板有其存在的必要性，除了可以幫

助食物切割分解動作，也可以避免食物與食物之間或是與工作台上的細菌做直接或是間接的汙染。

　　常見砧板材質可分爲木頭和合成塑膠兩種，其特色也不同：木質砧板厚重而質軟粗糙，使用的時候不易滑動，但易留下刀痕，使細菌容易在縫隙中孳生，要刷洗乾淨也比較耗時費力；相較之下，合成塑膠砧板的密度較高、較輕也較硬，但切割時需要在下方墊一塊抹布以增加摩擦力，否則容易在潮濕的台面上滑動。合成塑膠砧板比木質砧板容易清洗、消毒，因此在衛生的考量上，建議使用合成塑膠砧板。

　　爲維護食品衛生安全，在砧板的使用上須注意下列事項：

㈠分類：廚房裡的砧板最好要有兩塊以上，並用顏色或文字來區分，基本區分爲熟食與生食專用；若再更講究一點，依其切割對象而分類爲生食海鮮、生食肉類、生食蔬菜及熟食成品四種。

㈡清潔：每切完一項食物的動作後，都必須再用清水（熱水尤佳）清洗砧板並用乾淨的抹布擦拭乾淨後，再做下一項食物切割。

㈢消毒：在當天工作結束後，所有砧板都一定要經過徹底的清洗消毒。

㈣漂白：每星期至少要做三次浸泡漂白水的動作。

　　此外，使用新的木質砧板前，先浸泡在鹽水中一至三小時（視砧板大小而定），這樣可使木頭產生收縮效應，使木質砧板更堅硬耐用。平常使用砧板時，最好能定期（一星期一次）將砧板泡入水中，保持砧板的濕潤，或是用抹布覆蓋在砧板上，以避免砧板因過於乾燥而產生龜裂的現象減短砧板的使用壽命。

三、環境清潔與保養

　　爲避免食物中毒的事件發生，維護廚房環境的清潔是必要措施。在硬體設備上，牆壁、通道、工作間應保持乾淨清潔，地下管路應維持暢通不積水，定期檢視有無蟲、蟻入侵或是人爲破壞。

空調機具方面，像是抽風機、冷氣機，皆應定期清洗、保養，檢視其功能是否正常及避免積留油漬、污垢而影響空氣流通。

　　在廢棄物處理的部分，廢棄處理桶應固定位置，不隨意更換放置地點，還要保持周圍的清潔，並確實地做好分類、定時傾倒。

　　而在污水處理裡，須先將菜餚的殘渣過濾後，再放入污水槽內做除臭、分流的動作，然後再將這些廢水倒入下水道中；其水溝的溝槽也要定時做消毒、清潔。

四、正確的食物保存及調理方法

(一)食品保存之原則

　　食品保存最主要的功能是防止食品腐敗、變質及預防食品中毒，為達食品衛生要求，則須注意下列兩項原則：

　　1.防止二次汙染：利用櫥架有蓋清潔容器，來防止空氣中落菌、水滴、飛沫等所造成的二次汙染。

　　2.抑制細菌增值：長時間的儲存可使用冷藏（凍）庫（冷藏溫度5℃以下，冷凍溫度-18℃以下）及保溫箱或保溫台（溫度65℃以上）等設備。

(二)食品調理之原則：

　　台灣氣溫非常適合細菌的繁殖，若稍有不慎，則有引發細菌性食物中毒的危機，所以在調理食物時，有三項重要原則：

　　1.保持清潔。

　　2.迅速處理。

　　3.溫度控制。

第二節　個人衛生

一、合格的穿著

圖1-1　勞委會西餐熟調技術士考試服裝參考圖

在考試時，個人衛生有下列情況時之扣分標準。

表1-2　考試規範

考試違反規範	扣分標準
有傷口	扣41分
戴手錶、飾物	扣41分
指甲太長	扣41分
以衣物拭汗	扣20分
穿廚師服上廁所	扣20分
面對食物打噴嚏	扣20分
使用兔用餐具	扣20分

二、廚房工作人員的衛生常識

㈠器皿掉落地上後，必須重新清洗才可使用。

㈡掉落地上的熟食，必須丟棄。

㈢以雙手處理不再加熱的可食食物時，應戴上清潔之衛生手套。

㈣炒菜時，不可以口對杓直接試吃嘗味，應另外使用淺盤或小碗試吃，以免汙染食物。

㈤不可將生食及熟食放置在同一容器內。

㈥不能立即食用的熱食，應放在65℃以上的保溫台中，防止微生物孳生。

㈦所有可食食物必須加蓋蓋好，沒有加蓋的食物會引來蒼蠅及塵埃。

㈧不可坐臥在工作台或調理台上，防止汙染。

㈨破損的器具或餐具應丟棄，因為易藏污納垢或割傷。

㈩不要將廢棄物放置在可食食物邊。

第三節　環境衛生

一、廚房環境

依據GMP（Good Manufacturing Practices）良好製造作業規範裡，針對實務生產環境訂出一套準則：

(一)場所配置

流暢的工作動線除了方便操作以外，也可以避免交叉汙染的事情發生。通常食品原料所含的病菌數最多，因此貨品驗收、儲存區及前製備處理需要和烹調製作區和成品區域做劃分，而環境溫度和濕度也要有所區隔。

1.建議的廚房區隔如下：

表1-3　建議的廚房區隔

	一般工作區	汙染區	準清潔區	清潔區
分類	辦公室 檢驗室 廁所	驗收區 洗菜區 餐具洗滌區	切割區 調理區 烹調區 冷盤區	配膳區 包裝區 上菜區
水溝流向	獨立系統	←————————————→		
空氣流向	獨立系統	←————————————→		
氣壓	獨立系統	充足空氣	空氣補足系統	正壓
地板要求	乾	可潮濕	乾	乾
落菌數		高	稍低	最低

資料來源：行政院衛生署

2.地板：地板是汙染物較多的地方，為維護衛生清潔，地板應選擇不透水、不吸收、耐洗滌的材質，不可以有縫隙且要平坦而不滑。在牆壁與地板接縫處應用弧形曲線以利清洗，建議弧度曲率在半徑3公分以上。

為使地面保持乾燥，排水設計亦是重要的一環。在GMP的規定裡，地面應有適當的斜度（1/100）以利排水，而水溝的流向設計應由低汙染低區流向高汙染地區，並且在出口處設有固形物過濾網和陷阱，以防害蟲進入。

3. 牆壁：牆壁是汙染食品機會最大的部分，因此牆壁也要保持適當的清潔度，選用可刷洗、平滑無裂縫、無吸收性的材質，色澤也比較容易顯現汙染處。

4. 天花板：雖然天花板感覺和食物不會有直接關係，但還是要有無積塵、防黴、不吸濕的設計，否則灰塵、黴菌、水滴等從天花板掉落，會造成食品汙染。

5. 窗戶、門：一般廚房裡不會有窗戶，普遍都利用空調來做空氣循環，但也有部分廚房為使空氣流通及舒緩工作情緒而加設窗戶。在設置窗戶時，建議使用32目左右的紗窗，以防昆蟲進入，窗台應和水平線呈45度角以上的斜度，避免作為柵台使用且減少積污問題。門口設置需要可防止昆蟲、老鼠、灰塵等進入，且門面要平滑、不具吸收性，其開門方式用手推門且可緊閉的最好。

6. 燈光：根據聯合國衛生規範規定，工作場所的燈光亮度在220米燭光（20呎燭光），其燈炮或燈管最好有安全罩罩著，避免破裂時汙染食物；燈光不要採懸掛式，以嵌入式的方法安裝最好。

7. 庫房

　(1) 庫房的分類

　　① 乾貨庫房：又稱溫室庫房，目的就在於乾貨的儲存。設計乾貨庫房的考量如下：

　　　a. 恆溫控制：庫房溫度應維持在23-25℃，不得隨意改變。

b. 半密閉空間：半密閉指的是除了設有門與換氣口以外的空間，同時必須在換氣口外設置防鼠、蟻入侵的設施。

c. 除濕防潮：庫房中理想濕度爲55%，太高或太低都會影響保存，必要時可在庫房內裝置全自動濕度調節器。

d. 照明設備：庫房內的照明設備開啟時，盡量要求照明無死角，這樣可防止藏污納垢堆積。

e. 防滑地板及排水口（易清掃）的設置：避免人員摔倒，及讓清洗庫房時的廢水順利排出。

f. 熱源避開與否：庫房內的地板若有埋設熱水管線，將會導致庫房內的溫度改變，因此設置庫房時一定要注意是否會接觸到熱源。

g. 置物架：擺放不鏽鋼製物層架，以便妥善分類整理儲存物，同時注意地面保持三十公分，離牆壁也要有二十公分的距離，並確實遵守儲存物品不得放置地面的規定。

h. 密封塑膠桶：有些特定食物（如麵粉）極怕潮濕或蟲蟻侵入，遇水氣候也會產生結塊的現象，所以防潮工作極爲重要。因此，像麵粉這類的食材無論是否已將包裝拆封，最好都能放在密封的塑膠桶內，以確保不受潮、不被蟲蟻侵入，同時也應防範蟑螂、老鼠、蟲蟻侵入倉庫內破壞與孳生。

i. 安全存量：儲存中的乾貨物品，以四至七天的實用量爲安全存量，以避免臨時缺貨、無貨可用的情形發生。

② 濕貨庫房：又稱生鮮庫房，其設置的目的是爲延長保鮮的期限。在設計上必須注意：

a. 食物冷凍櫃並不等於急速冷凍櫃：在設計上，食物冷凍櫃的主要功能是存放已結凍的食物，急速冷凍櫃才是負

責將生鮮食品或已熟成的食物急速冷凍。兩者之間的差異在於急速冷凍櫃可將食物中的水分迅速凝結，不會因凝結的時間過長而改變食物本身的結構。而冷凍櫃會因機體內的溫度不夠低，無法使食物內外的水分同時凝結，進而導致食物的體積改變，倘若其結構遭到破壞會讓食物在解凍時將營養快速流失。

b. 儲存方法的正確性：如將熱鍋或熱食直接放入冷凍庫內，會使周圍的食物因溫度差異過大而變質，同時也會造成機械不當的負荷產生耗電及故障的現象。

c. 冷藏與冷凍皆有不同的儲存功能，若無空間與財源上的考量，最好能分別購置冷藏冰箱與冷凍冰箱儲存食物。

③ 日用品庫房：指一般清潔用品、化學溶劑、清洗用具、包裝耗材及餐具飾品的存放空間，雖然和烹調沒有直接的關係，但若管理不當也會容易造成誤取、誤用、誤食的情況發生，同時也會造成食物汙染或食物中毒意外事件。基於安全與衛生考量，上述物品必須另找一個密閉、陰涼、乾燥的空間記錄存放。特別是高危險性的清潔用品（如鹽酸、消毒水、除廁清潔劑等）更應妥善儲存，並確實記錄進出數量、請領人姓名、用途及流向的管制措施。以下是日用品倉庫存放要點：

a. 做好防蟲措施以防範蟑螂、老鼠、蟲蟻入侵。

b. 倉庫內擺放不鏽鋼置物層架。

c. 儲存的物品皆不得放置地面或緊靠牆壁。

d. 每件物品儲存量以七天為限，若少於七天庫量時，須做補貨動作。

e. 清楚標示物品名稱及使用時的注意事項。

⑵庫房的使用

　　為有效達到食品保鮮的目的及產品儲存的安全，首要了解倉庫安全維護、溫度濕度控制、存放要點、行進動線的安排、照明設備的維護與存貨記錄的登錄等觀念，才能有效掌控食材的運用、菜單的撰寫，甚至採買、叫貨等連鎖事項。就上述所提的項目，分述如下：

① 倉庫安全：倉庫若因管理疏失而導致不當的外力破壞（如盜取）或天災、水患、火災等，都會影響到餐廳的運作及大量的成本消耗。因此倉庫應設有專人看管，才能有效維護倉庫安全。

② 溫度、濕度：無論是何種性質的食材與耗材，都會因溫度與濕度的改變而影響到產品的品質，嚴重時甚至只能丟棄。因此倉庫設立的首要條件就是要保持恆溫與恆濕。

③ 儲存存放：任何物品進入倉庫後，均要分類、分項上架儲存，才能避免食物交叉汙染，或有誤拿的情形發生。若有大量進貨時，也不應該將物品堆放在走道的位置上，避免工作人員絆倒。

④ 行進動線：行進動線除了不可堆放物品外，也須注意行進的長短距離，保持通到流暢及縮短行進距離，有助於人員移動時的安全，並省去不必要的體力耗費。

⑤ 照明設備：適當的照明亮度有助於庫房的整理與清潔的維護，同時也可防止工作人員絆倒及藏匿人員。

⑥ 存貨記錄：物品送進倉庫儲存時，皆須登記到貨日期、品名、數量、保存期限，同一類型的物品更是要嚴格遵守FIFO（先進先出）的原則，避免物品堆放過久，或是遺忘的情形，進而導致耗損、浪費的發生。當物品離開庫房

時，也須詳細登記品名；數量、請領單位、請領人姓名與請領時間，以有效掌控物品流向。

第四節　廢棄物處理

一、垃圾

在廢棄物處理的部分，廢棄處理桶應固定位置，不隨意更換放置地點，還要保持周圍的清潔，並確實地做好分類、定時傾倒。

二、廚餘

(一)廢棄物的管理：不妥善處理廚房之廢棄物，容易引起惡臭和誘來蚊、蠅、蟑螂等病媒，因此在處理廚餘及垃圾時應注意：

　1.可燃和不可燃垃圾分別處理，且將固體和液體廢棄物分開放置。

　2.放置有蓋垃圾桶及有蓋廚餘桶，內部應放置塑膠袋，以利清理。

　3.每回作業完畢應立即清理，若不能即時搬走時，應先密封儲藏，必要時先行冷藏，防止廚餘發酵、腐敗、發臭、孳生有害動物。

　4.廚餘及垃圾之堆積場所應與調理或加熱場所隔離。

第五節　食物中毒

在餐飲機構供餐中，最忌諱的就是食物中毒事件的發生，因此餐飲從業人員一定要了解食物中毒的種類、症狀，進而採取預防措施，才可使顧客享用到合乎衛生與安全的食物。

食物中毒一般可分為下列幾種：

一、細菌性食物中毒

分為感染型、毒素型與中間型三種。

二、天然毒素之食物中毒

分為動物與植物所引起的中毒。

三、化學性食物中毒

分為食品添加物、環境因素引起（如重金屬、多氯聯苯、農藥、食品器具）。

為了解各種食物中毒的引起原因、症狀、預防措施，現將各類食物中毒介紹如下：

一、細菌性食物中毒

所謂細菌性食物中毒是指因攝取了被細菌或毒素汙染的食物而引起之疾病，常以消化系統或神經障礙為主。一般又將它分為感染型、毒素型、中間型三種。

(一)感染型

食品上沾染了細菌，人吃了含有致病細菌體之食物，細菌在人體內繁殖，而引起中毒。一般的症狀較輕微，潛伏期較長，大概二十小時左右，接著有頭痛、嘔吐、下痢、腹痛等症狀。如沙門氏菌、腸炎弧菌所引起之食物中毒。

此種細菌之特性、引發症狀、汙染來源、中毒原因、預防措施如下

1.沙門氏菌

表1-4　沙門氏菌之特性、引發症狀及預防措施

種類 病原症	沙門氏桿菌
1. 特性	為革蘭氏陰性需氧性桿菌，多數菌種四周有鞭毛可運動。 在水中十分耐寒，可生於5.5-47℃之溫度，最適宜溫度為33-43℃，但在60℃熱水中30分鐘便可將它殺死。
2. 症狀	突發性腹部痙攣、頭痛、嘔吐、反胃、發冷發熱、噁心、發燒、腹部絞痛、下痢。一日內4-5次水便或排泄黏液狀便或血便。 潛伏期：6-48小時，一般在12-24小時內發作。
3.汙染來源或途徑	1.水：受糞便汙染。 2.牛奶：受糞便汙染或殺菌不完全。 3.貝類：因水質而汙染。 4.乾燥蛋粉：受感染之鳥、家禽蛋，或製作時受汙染。經調查結果，未孵化成小雞之蛋殼含相當之沙門氏菌。 5.貝類製品：受沙門氏菌感染之動物、齧齒類或人手汙染。 6.家禽寵物：如貓、狗、雞的腸內含量相當高。由以上可知汙染源常為員工上廁所雙手未予以清洗乾淨，或動物受感染，其肉或排泄物常帶此菌。 7.汙染途徑：污水糞便 —汙染→ 食品 —細菌→ 受汙染之食品 —潛伏期 6-48小時→ —增值→ 發病。
4.中毒原因	1.烹調時間不夠長。 2.用手操作時，生食物含有此菌而沾染了熟食物。 3.食物放於室溫下太久。 4.未將熟食速放於淺盤，或放於大鍋中慢慢冷卻。 5.食物在37-45℃下適於此菌生長繁殖。 6.用具之清理不夠乾淨。

種類 病原症	沙門氏桿菌
5.預防措施	1.烹煮食物時，尤以煮蛋、肉等食品應煮至內部溫度75℃以上。 2.切割生食與熟食之用具應明確劃分。 3.菜式內加少許酸，如在沙拉內可加15%之沙拉醬，由於沙拉醬內酸度高可抑制此菌繁殖。 4.食物放冰箱前，熟食應放於淺盤內，先予以冷卻再放入冰箱。 5.冷供應食物應放於7C以下冷藏，熱供應食物應放於60℃以上保溫。 6.剩菜應加熱至75℃以上。 7.廚具應徹底清洗。 8.員工如廁後應徹底洗手，以免汙染食品，員工若有腹瀉、發燒時應嚴禁其觸摸食物。

2.腸炎弧菌

表1-5　腸炎弧菌之特性、引發症狀及預防措施

種類 病原症	腸炎弧菌
1.特性	1.為革蘭氏陰性桿菌，無芽孢，嗜鹽性，此菌在無鹽的培養基中不能生存。 2.鹽濃度在0.5%-10%時即可生長，尤以鹽濃度為3%-5%繁殖最快，同時適存於20℃以上之海水中。 3.在56℃經5分鐘烹煮即死亡，80℃以下20-30分鐘或100℃1-5分鐘即死亡。 4.此菌在淡水中經過1-4分鐘有90%之死亡率。
2.症狀	攝食後10-12小時，先上腹部激痛，每日4-5次水樣瀉、頭痛、噁心，大便具有黏血液，重則血壓下降，有休克現象。

種類 病原症	腸炎弧菌
3.汙染來源 或途徑	1.主要為海產類：以魚貝類最多，尤以魚類及魚類加工品如章魚、河豚、鮪魚含量高。 2.蔬菜類：如鹹菜之帶菌率16%，小黃瓜、泡菜等醃製品帶菌率很高。 3.汙染途徑： 海水（含腸炎弧菌）→ 海產類（魚貝類）→ 砧板切 → 生魚片 海產類 → 手 → 沙拉 砧板切 → 泡菜
4.中毒原因	1.魚貝類受海水汙染或捕獲後便保存不妥，使細菌大量繁殖。 2.切割生魚片的砧板、刀子未予以清洗乾淨，直接切蔬菜，使細菌在蔬菜內大量繁殖。
5.預防措施	1.海產類應冷藏於5℃以下。 2.輸送海產類時，應以冷藏庫或充分碎冰來運輸。 3.魚類（如章魚）應以刷子刷洗，再以充分的水來沖洗，將魚頭、腸泥去掉，再送至廚房烹煮。 4.製備用具應明確劃分，如標明切蔬菜用刀、切肉刀等。 5.砧板、菜刀、用具平常應以60℃以上熱水清洗，再予以乾燥。砧板以合成板為佳。 6.員工如廁後，應徹底洗手。

(二)毒素型

　　指病原菌在食品內繁殖產生毒素，人吃了此含有毒素之食物，所引起的中毒現象。一般的症狀較嚴重，重則死亡。潛伏期較短，約半小時至6小時，通常不發燒，大多會有嚴重的嘔吐現象。如葡萄球菌、臘腸桿菌引起之中毒。

　　現將此二種細菌之特性、引發症狀、汙染來源、中毒原因、預防措施，列於下表。

1. 葡萄球菌

表1-6　葡萄球菌之特性、引發症狀及預防措施

種類 病原症	葡萄球菌
1. 特性	1. 為革蘭氏陽性球菌，單細胞直徑為1微米排列成不規則似葡萄串，於多種培養基中均可生長，可發酵多種碳水化合物，產生色素，從白色至深黃色。 2. 菌落為圓形，上突具光澤，有些是人類黏膜上之正常細菌，有些可造成膿汁，形成種種化膿性感染。 3. 生長溫度由30-67℃，以30-40℃為其最適溫，產生腸毒素之最佳溫度為21-36C，在6.7℃以下，則不能繁殖及產生毒素。 4. 在人類或動物皮膚、傷口、口腔中均可發現，對食品汙染機會相當大。若汙染了食品，則可繁殖至相當大之族群。致病性的葡萄球菌可產生下列物質： 　(1)外毒素：為一種對熱不安定之物質，引起皮膚壞死。 　(2)腸毒素如金黃色葡萄球菌，為對熱安定之腸毒素，可於烹煮溫度121℃下煮沸15分鐘，亦不失其活性，故腸毒素不易被完全破壞。 　(3)凝固醣：凝血發酵素於病害周圍形成纖維蛋白，保護葡萄球菌免受體內防禦系統攻擊，免於細菌受吞噬破壞。
2. 症狀	潛伏期為1-8小時，吃後3小時發病，剛開始唾液分泌增加嘴內發酸、噁心、嘔吐、下痢、腹痛，下痢為水樣瀉，一般在2-3天內可復原。
3. 汙染來源或途徑	1. 人體皮膚、口腔黏膜、鼻咽喉、糞便、頭髮、傷口、膿瘡有很高之附著。員工手上有瘡瘍常有此菌附著。 2. 甜不辣、洋火腿、奶油、泡芙易受此菌汙染。 3. 禽肉、蛋製品、魚肉、馬鈴薯及義大利通心麵、沙拉、含奶油糕餅類等，皆為此菌產生毒素的良好環境。 4. 牛、羊乳腺若患有乳腺炎，含有葡萄球菌，乳品加工不完全時，至適溫此菌則繁殖。

種類 病原症	葡萄球菌
	5.汙染途徑： 　(1)人（瘡傷、鼻咽、痰）　—汙染→　用具　→　食品　→至適溫 　　繁殖　→潛伏期1-8小時　→發病 　(2)牛、羊　→　牛、羊奶　→　殺菌不完全　→加工 　（乳腺炎） 　不適合　—至適溫→　繁殖　→發病
4.中毒原因	1.由帶菌者之鼻、手或使用過之砧板、調理用具受到汙染。 2.食物如牛奶、羊奶、肉類、甜不辣受到汙染。
5.預防措施	1.購買大量食物時應至供應商之工作場地，實地了解其衛生情況，並知道食品製造日期及有效期限。 2.員工有刀傷應暫停工作，尤以手上有化膿時應嚴禁其工作。 3.烹煮時應將食物加熱至60℃以上。

2.臘腸桿菌

表1-7　臘腸桿菌

種類 病原症	臘腸桿菌
1.特性	1.為革蘭氏陽性桿菌，會產生一孢子，具鞭毛，能運動，為厭氧菌。 2.於生長過程中將產生外毒素（俗稱臘腸毒素）放於細胞外，依抗原之性質將臘腸桿菌產生之毒素分為A、B、C、D、E、F等型，其中A、B、E型與人類有關。這些毒素經100℃加熱10分鐘後會受到破壞，它的孢子廣布於泥土，常汙染蔬菜水果，將蔬菜製成罐頭時，若未能殺菌完全常使罐頭成為問題之來源。 3.肉毒桿菌不能於pH < 4.6及Aw（水活性）≦0.85的環境下生長和產生毒素。
2.症狀	潛伏期12-30小時，多在18小時發病，症狀為神經麻痺、視力減退、雙重視力、瞳孔放大、咽喉麻痺，引起語言障礙，甚而麻痺死亡。

種類 病原症	臘腸桿菌

3.汙染來源
或途
	1.土壤及水中。
	2.有問題之罐頭食品。
	3.動物或人之排泄物。
	4.汙染途徑；
	  (1)土壤、污水、動物或人之排泄物 ──汙染→ 食品 ──人食入→ 潛伏期12-30小時 ──→ 發病。
	  (2)罐頭殺菌不完全 ──人食入→ 食品 ──→ 潛伏期12-30小時 ──→ 發病。

4.中毒原因	1.病毒寄生在土壤或動物的糞便，人吃了受此菌汙染之食物而致病。 2.罐頭食品殺菌不完全。 3.食物未完全成熟。
5.預防措施	1.烹調前應將食物充分洗淨，毒素對熱之耐性弱，並以高溫加熱烹調。 2.不吃有疑問之罐頭食品，如罐頭食品有膨罐情形者。 3.在10℃以下發育困難，故長期保品時可至於3℃以下。

(三)中間型

　　病原菌在食品中繁殖，其在腸道內有部分增殖情形與感染型相同，如大腸桿菌與魏氏梭菌。現將此二種細菌之特性、引發症狀、汙染來源、中毒原因、預防措施列於下表。

　1.大腸桿菌

表1-8　大腸桿菌之特性、引發症狀及預防措施

種類 病原症	大腸桿菌
1.特性	1.為革蘭氏染色後呈陰性之桿狀菌，大小為0.5-3公分，無孢子形成，無莢膜，能藉四周之鞭毛運動。

種類 病原症	大腸桿菌
	2.菌落平滑、潮濕、扁平、紅色，且為透明具金屬光澤，大多數桿菌之培養皆會產生惡臭味。 3.為大腸菌型之基本形態。故由水中或牛奶中發現大腸桿菌即顯示這些物質已受糞便汙染。
2.症狀	攝食10-12小時後，發生下痢、發燒、頭痛、嘔吐、腹瀉，嬰兒則有下痢及便血之現象。
3.汙染來源或途徑	1.老鼠、蒼蠅、蟑螂為帶菌者。 2.動物的排泄物為感染來源。 3.汙染途徑：動物糞便 ← 汙染 ← 下水道 ← 土壤 　　　　　　　　　　　　　　　↓ 　　　　　　　　　　　　　食品 ← 　　　　　　　　　　　　　　　　↖ 包裝容器 　　　　　　　　　　　　　　　　　 手指
4.中毒原因	1.動物爬過食物。 2.食物受動物排泄物汙染。
5.預防措施	1.餐室應保持乾淨，不養貓狗。 2.烹調前後，洗切好的菜或烹煮熟的菜，應行加蓋。

2. 魏氏梭菌

表1-9　魏氏梭菌之特性、引發症狀及預防措施

種類 病原症	大腸桿菌
1.特性	1.為革蘭氏陽性，偏嫌氧，有芽孢桿菌，能產生強的腸病毒。 2.對熱不安定，分子量強，可引起小腸大量分泌，造成嚴重腹瀉。 3.含有孢子的土壤若進入傷口後，微生物便可生長。當細菌繁殖時，可發酵碳水化合物產生氣體，使組織膨脹，血液供應中斷，使得感染擴張，造成嚴重之溶血性貧血或毒血症。

種類 病原症	大腸桿菌
2.症狀	潛伏期6-18小時，一般為12小時發病，激烈下痢、腹痛為主症，有時會嘔吐、噁心，但幾乎不發燒，通常在24小時內恢復。
3.汙染來源 或途徑	1.老鼠、蒼蠅、蟑螂為帶菌者。 2.動物的排泄物為感染來源。
4.中毒原因	動物的糞便汙染了食物。
5.預防措施	1.驅除病媒，如老鼠、蒼蠅，並防止食物受汙染。 2.食品保存於20℃以下或60℃以上，亦可使食品pH值於6.1以下，可防止此菌繁殖。

二、天然毒素所引起之食物中毒

即由天然存在的動物和植物，其本身含有有毒物質，人誤食了此種有毒的動物或植物所造成的食物中毒稱之。

在餐飲方面常會因誤用引起的天然毒素中毒有：植物性食物中毒和動物性食物中毒兩種，現分別介紹如下：

(一)植物性食物中毒

是由有毒性的植物所造成的食物中毒。常見的有：

1. 蕈菇類：菇類因其味道鮮美，常為人們所偏愛，但有毒的菇類亦相當多，所以誤食會造成中毒事件。有毒的蕈菇類可以下列特徵來辨識：

   (1)蕈傘周緣是碎的。

   (2)有苦味、辣味、惡臭味。

   (3)遇到銀製湯匙、筷子或針，即使之變黑。

   症狀：誤食後6-15小時會有腸胃炎、嘔吐、腹部痙攣、腹瀉、大便帶血及黏液、血尿、蛋白尿或閉尿等，2-3天後有黃疸現象。毒素若侵犯肝、腎，則造成心臟衰竭、虛脫。

2. 馬鈴薯：馬鈴薯的塊莖若長芽，其芽眼處常有美茄鹼（solanine）。

  症狀：中樞神經毒有溶血性，若攝取量少則有腹瀉、頭痛、目眩、疲倦、腸胃炎等現象。

3. 麥角：由一種寄生在麥類的麥角菌所引起，使麥變黑褐色。

  症狀：急性中毒為嘔吐、下痢、腹痛、頭痛、耳鳴等消化器官及神經中樞障礙。慢性中毒則為四肢疼痛、肌肉萎縮、神經障礙等現象。

4. 蠶豆：常吃蠶豆或吸入正在生長的蠶豆花（含有大巢豆素）一般中毒患者常因缺乏葡萄糖－6－磷酸脫氫酶，會抑制紅血球上酵素的作用，而導致溶血，造成溶血性貧血。生的豆類含有胰蛋白酶抑制素，會阻礙胰蛋白酶的作用，而導致蛋白質吸收不良、生長遲緩，但若經過加熱處理後，此種酵素即可被破壞。

  症狀：發熱、黃疸、尿少、肝脾腫大，有血尿出現。

5. 樹薯：樹薯根莖含有氫配糖體，會與人體細胞色素氧化酣結合，使正常細胞的氧化受阻。

  症狀：呼吸短促、興奮、氣喘、痙攣、麻痺、虛脫、昏迷、口腔及眼睛黏膜發紫。

6. 綠藻：其中葉綠素分解出有毒的物質而造成動物有光過敏症。

  症狀：皮膚有紅斑、搔痛、皮膚裂開、流出液體引發細菌感染，有時致死。

7. 蘇鐵科植物：含有鐵蘇素，為有毒物質。

  症狀：對肝及中樞神經造成損害，如肝細胞壞死或運動失調。

8. 新鮮蓖麻子：含有極毒的蓖麻毒素。

  症狀：對胃腸黏膜有刺激作用，可凝集紅血球，有溶血作用，以致肝、腎發炎，且發生壞死。

9.相思子：相思子之種子含有相思子素，食入相思子一粒充分咀嚼，可中毒致死。

症狀：可凝集紅血球，有溶血作用，以致肝、腎發炎、壞死。

10.毒花

⑴夜來香：在夜間停止光合作用，排出大量廢氣，長期放室內會引起頭暈、咳嗽、失眠。

⑵鬱金香：花中含毒鹼，人在花叢中易頭昏腦脹，甚至毛髮脫落。

⑶夾竹桃：它的莖、葉、花及有夾竹桃毒，誤食會中毒。

⑷水仙花：鱗莖含拉丁可毒素，誤食後會引起嘔吐、腸炎，莖和花的汁液可使皮膚紅腫。

⑸杜鵑花：杜鵑花含有四環二萜類毒素，中毒引起嘔吐、吸困難、四肢麻痺。

⑹聖誕紅：全株有毒，誤食會有死亡之危險。

⑺馬蹄蓮海芋：含有草本鈣結晶和生物鹼，誤食引起昏迷。

⑻姑婆芋：塊莖及全株汁液有毒，誤食口腔、咽喉、胃等灼痛，觸及眼睛會劇痛。

⑼虞美人：全株有毒，內有毒、有鹼，誤食後會引起中樞神經中毒，嚴重會致命。

⑽白色曼陀羅：植株有毒，果實劇毒。

⑾花葉萬年青：含天門多素，誤食後引起口腔、咽喉、食道、胃腸腫痛，若誤食會使人變啞。

⑿南天竹：全株有毒，含天竹鹼，誤食全身抽搐、痙攣、昏迷。

⒀含羞草：含羞草鹼，接觸多引起眉毛稀疏，毛髮變黃、脫落。

二、動物性食物中毒

常見的有：

1. 河豚：含有河豚素，多在內臟，尤以卵巢及肝臟最多。河豚毒素具耐熱性，在100℃加熱30分鐘僅可破壞20%左右。

   症狀：攝食中毒快者20-30分鐘，慢者2-3小時發症，輕者口唇麻痺、嘔吐、頭痛，重者運動失調、脾臟出血、腎中尿細管蛋白物沉澱，甚至死亡。

2. 麻痺性貝中毒：乃因吃貝所引起的中毒，經研究認為此種貝類之毒性是因攝食雙鞭毛藻所引起，此種貝類之消化管中及腸線等內臟所含毒素最強。

   症狀：食後30分鐘發病，輕者末梢神經麻痺，重者四肢麻痺，不能起立，數小時後呼吸麻痺而死。致死時間為3-20小時，如24小時內未死亡，則可恢復正常。

3. 毒魚：魚吃了海中所生長的毒藻（藍藻），再由人攝食而中毒，或吃了色彩鮮豔的熱帶魚類亦會造成中毒。

   症狀：口唇、舌頭及咽喉刺痛，其次麻痺、嘔吐、腹部痙攣、肌肉疼痛、視力障礙、紅疹、水腫、皮膚障礙。

4. 癩蛤蟆：通常不用作食物，但經誤食會發生中毒，其中最主要的毒素為蟾蜍毒素、腎上腺毒素，含於內臟（肝、卵巢）或頭（腮腺）最多。

   症狀：頭暈、頭痛、心口悶脹、煩躁不安、嘔吐、腹瀉、唇及指甲變青、脈搏微弱，須經洗胃、導瀉等過程予以治療。

餐飲機構應避免天然毒素所引發的食物中毒事件，採買者應避免採買來源不明的食物、市面未曾出售過的食物、色彩太鮮豔的動植物及上述會產生毒素的動植物。

三、化學性食物中毒

所謂「化學性食物中毒」，係指有害的化學物質滲入食物中，造成危害人體安全之問題。現將它分為食品添加物、重金屬、農藥、清潔劑、食品容器等所造成的食物中毒，加以敘述。

(一)食品添加物

依據我國食品衛生管理法第三條，將食品添加物定義為：「食品之製造、加工調配、包裝、運送、貯藏等過程中，用以著色、調味、防腐、乳化、增加香味、安定品質、促進發酵、增加稠度、增加營養、防止氧化或其他用途而添加或接觸於食品的物質。」因此，由此定義可知食品添加物是為了某種目的，在食品製造加工過程添加的。

常用的食品添加物其分類如下：

1. 防腐劑：

   在食品加工技術上，為了保存食物，防止食物被微生物（如細菌、黴菌、酵母菌）汙染、破壞，而添加的一種天然或人工合成的化學物質。

   一般添加於水含量較多、容易腐敗、發霉或貯存期、使用期較長的食品，如醬油、果醬、醬菜中。

2. 抗氧化劑：

   用來防止食品中的油或脂肪酸敗，用於油脂、奶油、魚貝乾製品。

3. 漂白劑：

   將食品中的有色物質經化學作用以除去不喜歡的顏色（如做蜜餞加工時），常加漂白劑，以去除果實的青澀味，使易於添加入人們喜歡的顏色。

4.保色劑：

用來保存食品的色澤，如製作香腸、火腿、肉製品，爲了保有好的色澤，常加入硝酸鹽類。

5.甜味劑：

用來增加食品甜味的物質，又分爲：

(1)營養性甜味劑：經代謝後，可產生熱量，如蔗糖、葡萄糖、果糖。

(2)非營養性甜味劑：經代謝後不會產生熱量，如阿斯巴甜（Aspartame），常用於減肥食品及糖尿病患者的飲食。

6.著色劑：

爲了保持食物本身的顏色或增加食物美觀，以滿足人們的嗜好，又分爲：

(1)天然色素：由食物中提煉出來，其來源又可分爲：

① 植物性來源：如胡蘿蔔素、葉綠素等。

② 動物性來源：如臟脂紅、烏賊墨。

(2)人工合成色素：主要由化學方法所合成的，如紅色1、3、4號等。黃蘿蔔、黃豆干爲保有黃色色澤，加入芥黃。

7.香料：

主要用來增加食品香氣，提高食品的商業價值，刺激人們的購買慾望，又分爲：

(1)香辛料：用來做食品調味用的植物，如胡椒、辣椒、八角，給人們味覺及嗅覺快感者。

(2)香味料：由植物或動物或人工等提煉，或經由化學成分合成之食用香味料，如香草精、檸檬精等。

8.鮮味劑：

用來增加食品鮮度的物質，本來沒特殊強烈之味道，但加入食品後可加強食品之風味，如味精。

9.膨大劑：

加入食品中使食品在加工廠或烤焙過程成品體積得以脹大的物質，如發粉、阿摩尼亞等。

10.營養添加劑：

加入食品內，以增加食品的營養素，如在嬰兒食品中常會添加鐵、維生素A與B complex。

表1-10　有害的食品添加物及其毒性

食品添加物種類	項目	常用於下列食品	引發的生理疾病
防腐劑	硼砂（Na2B4O7・10H2O）	脆丸、油麵、魚、蝦、貢丸	積存體內產生硼酸症患者皮膚出紅疹斑、嘔吐、腹瀉、休克，以致昏迷，有時引起紅血球破裂或腦膜痙攣而有少尿、禿髮、貧血、體溫失調、腸胃潰瘍。
	腐絕	蘋果	肝腎代謝不佳。
	福馬林（已禁用）	酒類、肉、肉製品、乳製品	頭疼、昏睡、呼吸困難、消化障礙、嘔吐。
	β- 萘酚（已禁用）	醬油	腎臟障礙引起蛋白尿。
	水楊酸（已禁用）	酒、醋	耳鳴、頭疼、盜汗、發冷、嘔吐、呼吸困難、心臟衰竭。
	氟化氨（HF）（已禁用）	油脂、牛奶、酒精	侵害腸及膀胱黏膜。
	苯甲酸、乙二希酸	豆干	侵害肝、腎。
漂白劑	吊白塊（已禁用）	肉、牛奶、芋頭、蓮藕、牛蒡、洋菇、蘿蔔干	頭痛、頭昏、嘔吐、呼吸困難。

食品添加物種類	項目	常用於下列食品	引發的生理疾病
	過氧化氫	麵粉、水果	頭痛、嘔吐。
	二氧化硫、亞硫酸鹽	筍絲、金針花	致癌。
色素	鹽基性芥黃	糖果、黃蘿蔔、麵條之黃色素	頭痛、心跳加快、意識不明。
	鹽基性桃紅精	糖果、蛋糕、薑、梅、肉鬆	全身著色，排出紅色尿。
	4-甲基咪唑（4-MEI）	醬油	致癌。
	工業用芥黃	黃蘿蔔	致癌。
	奶油黃	糖果、蛋糕	肝癌。
	硫酸銅	青豆仁、海帶	嘔吐、腹痛、嗜眠、痙攣。
螢光劑	螢光增白劑	四破魚、勿仔魚	致癌。
人工甘味劑	對位乙氧苯脲糖精、甜精	蜜餞	肝、脾臟腫瘤。
抗氧化劑	維生素C	果汁、藥品	增加腎結石的機會。
	維生素E	各種食品	引發抗凝血功能，導致出血。
	BHT、BHA	使用於泡泡糖、冷凍魚貝類、奶油、脫水馬鈴薯	長期食用會致癌。
工業用原料	順丁烯二酸	用於造紙和膠類、澱粉	肝腎受傷害。
	塑化劑	果汁	肝腎受傷害。
	芥黃	黃豆干	肝腎受傷害。

食品添加物種類	項目	常用於下列食品	引發的生理疾病
抗生素	乃卡巴精、待美嘧唑、甲磺氯黴素、氟甲磺氯黴素、黃黴素、青黴素	雞蛋	傷腎或導致睪丸萎縮。

餐飲機構採購食物時，為避免由食品添加物所造成的食物中毒，應注意下列事項：

(1)新鮮食品的選購：注意食品之顏色。雖然食品添加物常使用於加工成品，但是有些新鮮食品為使產品銷售方便，不法商人常添加了食品添加物，如豌豆仁常被加銅離子染色、洋菇常加漂白劑，所以選購時應以新鮮、不加以染色的食品為選購原則。

(2)加工食品的選購方面：

① 選擇合格之廠家：如廠牌較具信用者，或包裝上有衛生機構檢驗合格之標示。

② 注意產品標示：一般產品標示上應有食品添加物的種類與劑量。家中可備有一份衛生署公布的食品添加物劑量表，若買回來此類成品，可對照一下表中所訂定之標準，以得知是否屬於合格之添加物。

③ 改變對食品品質的要求：消費者吃食品時常要求要Q，不少廠商在澱粉中加入順丁烯二酸，改變澱粉品質，但對人體造成傷害、若買魚漿加工品（如脆丸）可以不要要求其脆度要多高，買蘿蔔糕可以不用要求其成品外形如此工整、不具黏性，香腸可以不用要求其肉色如此鮮紅。

④ 注意食品的顏色：所有食物中其顏色越近乎不自然，越有

可能摻入其他有害人體的物質，如饅頭過白、蝦子過紅。又如現在市售的蛋糕不僅裝飾花的顏色很多種且很鮮豔，其蛋糕內部組織也常為了美觀加了各種顏色的添加物，雖可增加食品蛋糕之銷售，但有時也破壞了原有成品的美味。市售紫色饅頭是在麵粉中加了紫色色素，使它看起來像加了芋頭，香精過多對身體造成傷害。

⑤ 注意食品風味：一般為了增加食品的風味，常加了鮮味劑、香料、甜味劑，採買時應找合格廠商，市面上自製自銷的小攤販常因缺乏這方面的知識，自行添加了過量的添加物如零售的檸檬水不僅加了檸檬汁，甚而捨不得使用糖而用甜味劑。現今加工業發達，購買飲料應選擇罐裝或鋁箔盒裝較為安全。

(二)食品中重金屬之汙染

人類在生長過程中需要微量的金屬，如鈉（Na）、鎂（Mg）、鉀（K）、銅（Cu）、錳（Mn）、鐵（Fe）、鈷（Co）等，但是有些金屬如果攝取量過多，將會對生物體造成嚴重的傷害。一般重金屬若超量，依其對生物體的傷害程度順序如下：汞、鉛、鎘、鋅、硒、鉻、鐵、銅、鋁。

這些金屬是由攝取的食物中進入人體，在最初微量時沒有顯出其毒性，但累積至一定限量，人體便有中毒的現象。食物中重金屬的汙染來源如下：

1. 農業耕種技術：如農藥或肥料中含有重金屬。

2. 由工業、礦業及車輛對環境所造成之汙染。

3. 本身地理位置含高量重金屬，如烏腳病患區即因該地區含高百分比的砷。

4. 食品原料受到汙染：在自然狀態下，食品會含有一定濃度之重

金屬，若食物的生長環境受重金屬汙染時，如現今台灣南部廢五金工廠排出廢水含有高濃度的重金屬，造成沿岸牡蠣、貝類受到極大的損害。

5. 加工過程受到汙染：加工過程中，材料之清洗、烹煮用水、盛裝用容器、加工器械、包裝之材料等，均有可能使重金屬汙染到食品，如日本曾發生嚴重的鎘中毒事件，其原因就出在麵條製作過程中的壓麵機是以鎘來電鍍，麵條經過壓麵時，鎘即滲入麵條中，造成很多人嚴重的重金屬中毒。

現介紹食品中過量重金屬對人體的影響：

1. 汞：

美國A.S.A.訂出空氣中汞最大含量是0.1 mg/ 10 M3，魚蝦罐頭食品含0.5 ppm，油脂含0.05 ppm。製造水銀乾電池鎢錕桿、有機汞殺菌劑、溫度計及氣壓計業者最易罹患。

急性中毒：攝食後20-30分鐘口渴、嘔吐、腹痛、下痢、腎臟受害。

汞中毒症狀：唾腺腫大、齒齦上出現紅色斑點、嘴唇紅腫、四肢麻痺、語言障礙、視覺及聽覺障礙。

嚴重中毒者俗稱水侯症，腦受損、走路說話有困難，又稱為跳舞病。

2. 鉛：

由誤食或罐頭容器為鉛製品，盛裝了酸性食品，使鉛受侵蝕溶出。健康的人血液中含鉛量為40μg/100 ml。職業群中尤以油漆工、蓄電池工血液中含鉛量高，易罹患鉛中毒。

急性中毒：嘔吐、下痢、頭昏、頭痛。

慢性中毒：食慾不振、齒齦邊緣呈現藍色、關節炎、心臟肥大、腎萎縮。

3.鎘：

化學工廠廢水中含鎘汙染了河川，以此河水來灌溉農作物後，人又吃下受汙染的穀類、豆類，會發生慢性鎘中毒。

慢性中毒：尿細管發生病變、喪失鈣質，患者四肢軀幹疼痛，終日呻吟不已，亦稱痛痛病。

4.鋅：

鍍鋅容器若盛裝酸性飲料，人飲用後會有噁心、嘔吐、腹痛、下痢、血便等中毒症狀。

5.砷化合物：

常以農藥或殺菌劑之形態存在，由於它為白色無味、無臭，常被誤認為是澱粉加入食品中。

急性中毒：嘔吐、下痢，像霍亂病狀，尿減少甚而無尿，水分減少，口渴，虛脫而死亡。

慢性中毒：食慾不振、貧血、皮膚色素沉澱、肝臟肥大、神經系統受損、毛髮或指甲有砷之沉澱。

6.銅：

在豌豆、水果等著色常用銅鹽（常以硫酸銅為主），若添加過量會造成中毒。

急性症狀：噁心、嘔吐、腹痛、下痢、虛脫、發抖、嗜眠。

慢性中毒：牙齦、黏膜及皮膚變色。

7.錫：

水果或果汁罐頭中若含大量的錫會刺激消化器官，造成嘔吐、下痢。

(三)農藥造成的汙染

為了保護農作物，使用農藥而造成農藥殘留在食品上所造成的食物汙染稱之。

「農藥」的狹義定義是：「農業經營上爲保護農作物及其生產物或改良作物爲目的，而使用之化學藥品稱之。」

廣義定義是：「凡能增強藥劑殺菌效力的使用之輔助劑稱之。」

若依廣義來看，農藥應包括殺菌劑、殺蟲劑、除草劑、滅鼠劑、引誘劑、植物生長調節劑等。

農藥的汙染途徑如下：

1. 農藥噴灑於作物上，殘留於農作物，家畜食入此類受汙染的農作物至體內，就會有農藥殘留。

2. 農藥汙染了水源，造成水中魚貝類亦受汙染。

農藥進入人體可分爲三個途徑：

1. 由口食入。

2. 由鼻吸入。

3. 由皮膚滲透。

一般家庭不似農戶直接使用農藥，不經鼻及皮膚進入體內，大多經由汙染到農藥的食品被攝入體內而引起中毒。

由各種農藥所造成之中毒症狀如下：

1. 滴滴涕（DDT）

   內服10 mg/kg體重即發病。中毒特徵爲神經症狀與胃腸症狀。

   急性中毒：服用20克，在30分鐘內即發病。

   輕微症狀：口舌、口唇、顏面知覺障礙。

   嚴重症狀：痙攣、手麻痺、無尿等。

2. 有機氯殺蟲劑：

   急性毒性較弱，但可於生物體內殘留，產生慢性中毒，造成對中樞神經的毒害。

   毒性症狀：全身痙攣、意識不清、呼吸困難。

   慢性症狀：疲倦、頭痛、頭昏、嘔吐、噁心、腹瀉。

3.巴拉松（Parathion）：

　　輕微者為頭昏、倦怠感、頭痛、發燒、失眠、昏睡。嚴重時造成呼吸停止而致死。

4.有機汞殺菌劑：

　　大多引發皮膚炎，較嚴重者引起全身中毒。

　　慢性中毒時，初期無法集中注意力、記憶減退、頭痛、失眠、腎臟受損。

㈣食品容器及包裝品之安全性

　　依我國國家標準，將食品之容器及包裝之定義如下：「容器，指以任何形式將食品加以全部或部分包裝使成為販賣之用；包裝，即指預包包裝好而準備以容器包好以便於出售者。」

　　舊有的包裝材料：舊報紙、牛皮紙、蠟紙、草紙、蘆葦、竹葉、竹筐、鮮荷葉、鮮茱葉。

　　現今的包裝材料：紙類、鉛類、鋁箔加紙、錫紙、塑膠、玻璃罐、鐵罐等。

　　包裝容器常因材料不同而有各種不同的衛生安全問題，現依塑膠容器、陶器、金屬器具之製造及安全問題加以探討。

1.塑膠容器之主要材料及其安全問題

　　塑膠係以合成樹脂或自然聚合物為主要原料，經過加熱過程，使樹脂分子互相縮合，經融溶後形成不溶的高分子聚合物，經過熱壓成型後，成為永久完形之餐具或容器。

　　用作食品容器或包裝的主要塑膠材料分為8種，其毒性及衛生上之影響如下：

⑴聚乙烯（polyethylene），簡稱PE

　　常用來盛裝清涼飲料品，分低密度及高密度二種。低密度者水蒸氣雖不能通過，而氣體能通過，故通用於新鮮蔬菜及水

果之包裝，但本品對脂肪品易使其氧化，並使辛香料之食品香氣消失。

(2)聚氯乙烯（polyvinyl chloride），簡稱PVC

所製成之塑膠本身無毒，但以氯乙烯聚合變成本品之製造過程中，在成品中所殘存之氯乙烯單量體及初期聚合物或分解物等有毒。如以聚氯乙烯塑膠容器盛貯或包裝之食品及飲料，致其汙染內容物，引起健康障礙。

聚氯乙烯在塑膠中為單量體殘留之氯乙烯，能溶於水及酒精飲料，如長期攝取或吸入，則引起血管肉腫及皮膚癌等症。

聚氯乙烯在成形加工時，為防止熱分解或改變加工性，須添加各種副料，如安定劑、可塑劑、滑劑、色料、觸媒、調整劑、抑制劑、聚合媒體、乳化劑、沉降劑、起泡劑、氧化防止劑、膠體保護劑等輔助劑，而使聚氯乙烯製品在使用時，添加物常會溶解於食物中，在人體內如不能消化或排泄而蓄積，將危害人體。製造時所添加之硬脂肪酸、鉛（Pb）、鎘（Cd）、鋅（Zn）及鋇（Ba）鹽等安定劑，均具有毒性，且因能溶於水及酒精等，並能溶出於食品，隨攝取而導致慢性中毒。

(3)聚苯乙烯（polystyrene），又稱Styrol，簡稱PS

含有苯乙烯單量體及其他低分子量之揮發性成分，等對神經器官具有毒性，不適用於裝入高溫的湯汁，以免影響人體健康。此種塑膠因耐熱性低，遇高熱時所含色素即溶於食品中，攝後能影響人體健康。

(4)聚丙烯（polypropylene），簡稱PP

係丙烯聚合而成之樹脂，於加工製造聚丙烯塑膠時，所添加之安定劑，盛貯食物時，會溶出內容物，影響健康。

⑸氯亞乙烯（Vinylidene Chloride）及鹽酸橡膠

該塑膠膜溶出有毒性添加物之成分汙染內容物，導致影響人體健康。

⑹酚甲醛、尿素甲醇、三聚氨胺甲醛等樹脂

① 酚甲醛樹脂（簡稱PE resins）：係酚與甲醛經碳酸銨或氨或酸類等為催化劑使其聚合而成，如該食品接觸時間長久，由塑膠材料中溶出所含之酚汙染內容物能影響人體健康。

② 尿素甲醛樹脂：係尿素與甲醛在吡啶、氨或某種醇類存在下，經二段法（Two stage process）加熱後混入填充劑而成。

③ 三聚氰胺甲醛樹脂：係三氯氰胺與甲醛縮合而成。各種樹脂製成之塑膠容器，均由甲醛經化合製成，此類塑膠容器盛貯或包裝食品如經長期接觸食品時，由塑膠材料中甲醛溶出汙染內容物，經攝食後會引起過敏性慢性中毒，影響人體健康，市售美耐皿係由三聚氰胺與甲醛溶成三聚氨胺甲酸樹脂，加硬化劑、色料，經熱壓而成的。餐具大多數為尿素甲醛樹脂或三聚氟胺甲醛樹脂製造，長期使用尿素甲醛塑膠之器具，對小孩之眼睛網膜有害，引起視野狹窄、視力減退、夜盲症等，原因是溶解出相當多量之甲醛所致。我國規定塑膠之食品器具、容器、包裝衛生之標準，以60℃浸泡30分鐘後測定甲醛溶出量，限於4 ppm以下，若攝取過量引起慢性中毒，更多量因對消化系統之刺激作用而引起嘔吐眩暈等症，急性中毒如攝取更大量時會引起抽筋致死，甲醛之溶出量因水溫越高，其溶出量越多，浸泡時間越久，溶出量亦越多。

(7)塑膠（acryistyrene）

因含有聚合物中之Acrylnitril及Meth-acrylnitril等會溶出而汙
染內容物，其中acrylnitril如經口攝取，由消化道吸收後，引
起嘔吐及腹痛等症狀。

(8)丙烯膽（acrylonitril），又稱Vinyl Cyanide

是一種塑膠，有此成分在飲料內可能引起健康障礙。

2.陶瓷器

(1)製造過程：

先將磁土塑成盤、碗等形狀，經一道900℃的素燒胚，然後上
釉藥，再經一道1400℃的本燒成為「白胚」，如不加花飾，
白胚即為白色光亮的成品，如果要加花飾則須在白胚上貼圖
案印花然後再燒一次，此須780℃以上，使印花上的顏色完全
釉化，完成成品。

如果嚴密地經過這數道過程製下來，成品就不會有安全顧
慮，如果中間加工過程偷工，為節省成本而擅自降低溫度或
減短燒製時間，尤以最後一道印花再燒的步驟，若溫度、時
間不夠，則釉藥或花飾上的顏色無法釉化完全，有些釉藥中
含有鉛，也有許多顏料中含鉛、鎘等重金屬，如磁器溫度燒
得不夠，製成成品在使用過後，重金屬會脫落混入食物中，
使用後就隨食物將其食入體內。

(2)安全判斷：

一般人並不容易靠目視來判別某件餐具是否合於標準，雖大
致上淡素花飾的餐具較為安全，而鮮豔花飾者（尤其有黃、
紅、褐等色）較易超出容許量，但有些卻不盡然。
若餐具花飾表面光澤度高，觸摸起來又滑溜的，這種很安
全，幾乎不會出問題。再者，雖表面不是很滑溜，圖案部分

稍有突起，但若仔細觀察，這部位的結構很密且有光澤，這種餐具也大致無問題。最令人擔心的是花飾部位既粗糙又沒有光澤的，就很可能通不過標準了。

對於鉛、鎘溶出量較高的餐具，若將其重複地浸泡醋酸再試驗，可發現大部分餐具在第二次溶出時重金屬含量降低許多。

(3) 選用餐具之建議：

① 白色、素色或者雖有花飾但其釉面極為平整，且具光澤滑溜者。

② 其圖案必須燒得細微緊密、具有光澤，這種磁器也許還是安全的；不要選擇圖案部分摸起來極粗糙，看起來又沒有光澤的餐具，這種就不安全。

③ 選擇時以淡素花為佳，避免選用過於鮮豔的花色，尤其黃、紅、褐、紫色等，如果餐具燒製時沒有燒得完全，就很容易釋出重金屬來。

④ 接觸食物部分印有花飾的餐具，應避免用來蒸煮食物。

⑤ 磁具使用一段時間，若花飾褪落或釉面不再光澤時，這餐具就最好不要再用了。

3. 金屬容器

主要為罐頭類之鐵罐，罐內經塗錫防鏽，但食品如長期保存於此類包裝，則鐵罐之錫及鉛等有毒物會溶於內容物中，攝取後影響健康。

罐頭食品類衛生標準：罐內壁不得有嚴重脫錫、脫漆、變黑或其他特異之變色等現象。

重金屬最大容許量：銅為30 ppm，汞為0.5 ppm，砷1.5 ppm，鉛5.5 ppm，錫250 ppm，但罐頭飲料類不在此限。

但果汁類因其酸度較高，致罐裝果汁類之鉛與錫等溶出量，常超出上述限度，故對罐內面之塗料須選用無毒、耐熱而經滅菌處理而不影響內容物之風味及色澤等之變化，其罐內塗料常用者有油性塗料、酚樹脂塗料、乙烯樹脂塗料及環氧樹脂塗料。

果汁罐頭及水果罐頭如溶出錫200 ppm以上，常引起頭痛或嘔吐等中毒症狀。罐頭工廠所用之水如用含有硝酸或硝酸鹽之井水調合食品時，或番茄果汁罐頭製造時，所用之青番茄中含有硝酸離子時，均能使罐壁之錫溶出，此種情況須預先以其他適當塗料噴塗一層，以防止錫之溶出。

4.紙類

如果其材料中加入螢光染料者，其染料能溶出汙染內容物，隨食品攝取進入人體而影響健康。

5.鋁箔

對強酸、強鹼易被腐蝕，尤其含氯離子（CI$^-$）之食物，則侵蝕之，故含有食鹽等鹽類之食品不適用，且此類包裝若發生折裂，致使空氣流入其中，則會引起發霉或壁蝨之侵害，影響衛生。

6.鋁箔加紙

鋁箔加有紙、賽璐璐或Polyethylen等積層製成之容器，例如美國RC罐、紙之兩面經此加工後，成為耐熱、耐水性之材料。

由上述可知餐飲機構選用美耐皿餐具，應注意下列的問題：塑膠餐具的品質最重要的是甲醛之溶出量，硬化完全的美耐皿在正常使用下，甲醛的溶出量十分少，若加熱硬化不完全，甲醛溶出量就有升高的趨勢。長期服入會刺激肝臟，引發肝病。

一般美耐皿之製作原料可以尿素甲醛或二聚氨胺甲醛做出，其中尿素甲醛較差，較不穩定，較易溶出甲醛，所以選用時應注意：

(1)選用價格較高、品質較好者，因一般用尿素甲醛做材料的餐具價格十分便宜消費者亦無能力做檢驗分析。

(2)選用素色者，不要選用過度亮度及碗裡有裝飾花者。

(3)選用品質具光澤、不具粗糙質地者，一般尿素美耐皿用久質地會變差，而好的美耐皿應不會改變。

(4)買回來的餐具可放入水中煮沸，若尿素餐具煮後會有很濃的福馬林味道，且光澤盡失，質地變軟、變形。

(5)美耐皿餐具最好用來盛裝涼的食物，所以一般家庭主婦常用來沖泡碗麵是不適合的。

而選用磁器餐具應注意下列事項：

(1)以白色、素色且質地細緻緊密爲佳。

(2)若選用有花邊者，以選擇圖案具光澤、細緻且圖案花紋不在碗內而在碗外者。

(3)碗內印有花飾的餐具，避免用來蒸煮食物。

(4)磁器餐具使用過一段時間，發現花飾脫落，此種餐具最好不要用。

第六節　廚房規劃

本章節將介紹廚房的環境配置及衛生安全。爲維護工作安全及避免食物中毒的發生，廚房工作環境的維護是相當重要的一門工作。有條理、規劃的工作動線也可以讓作業更流暢；整齊而乾淨的廚房空間除了讓廚師有舒適的工作環境外，也保障了食用者的飲食安全。

廚師可以不必懂廚房建構的計算公式，但是整體規範要點仍要了解，才能營造出良好的工作環境、提高工作效率。

一般廚房面積大小，是利用供餐人數換算成使用坪數，或是利用

現有的廚房面積去換算可容納的最高人數，其公式為「一人使用餐點的空間×人數=廚房坪數」，此廚房坪數中包含廚具所占用的面積、通道、辦公室及儲藏室等。

決定廚房的空間坪數後，接著是丈量實際可使用的空間，根據交通部觀光局的「廚房面積管理規定」，廚房面積必須占總面積的四分之一以上，用餐面積與廚房面積比為3：1。

為了要讓工作流程更順暢、安全，廚房設備總面積不得超過占整體廚房面積的30%，也就是說走道空間、員工工作區域及周圍的設備空間等須占廚房總整體面積的70%或是70%以上為佳。

西餐的餐點內容含冷盤、前菜、熱菜、主食、甜點及飲品，在製作這些餐點時，每樣菜色所需的溫度環境都不同，為了避免交叉汙染，分隔調理是是廚房規劃的重點。一般來說，常見的標準分區項目裡應該包含：驗貨區、存貨區及調理區。

一、廚房規劃原則

除了空間的配置外，在設計廚房的基本原則上，清潔衛生、作業效率、經濟效益及安全舒適度為主要的設計要點。

(一)清潔衛生：選擇較容易清洗、維護的材質作為廚房設備，在動線上，也要依照作業區所需的清潔度來進行設計，以維護食品的衛生。

(二)作業效率：可利用「動化機」來提升，設計上要合乎人體工學，如：工作台、置物櫃等，以增加作業流暢度。

(三)經濟效益：適當的設備數量除了可以改善工作效率外，也可以節省部分的開銷。

(四)安全舒適度：舒適、安全的環境可減少員工的疲勞程度與危險性，如空間的設置走道的寬度、消防設備的設置等等。

二、廚房環境

依據GMP（Good Manufacturing Practices）良好製造作業規範裡，針對實務生產環境訂出一套準則：

(一)場所配置

流暢的工作動線除了方便操作以外，也可以避免交叉汙染的事情發生。通常食品原料所含的病菌數最多，因此貨品驗收、儲存區及前製備處理需要和烹調製作區和成品區域做劃分，而環境溫度和濕度也要有所區隔。

建議的廚房區隔如下：

分類	一般工作區	汙染區	準清潔區	清潔區
	辦公室 檢驗室 廁所	驗收區 洗菜區 餐具洗滌區	切割區 調理區 烹調區 冷盤區	配膳區 包裝區 上菜區
水溝流向	獨立系統	←——————————————————→		
空氣流向	獨立系統	←——————————————————→		
氣壓	獨立系統	充足空氣	空氣補足系統	正壓
地板要求	乾	可潮濕	乾	乾
落菌數		高	稍低	最低

資料來源：行政院衛生署

(二)地板

地板是汙染物較多的地方，為維護衛生清潔，地板應選擇不透水、不吸濕、耐洗滌的材質，不可以有縫隙且要平坦而不滑。在牆壁與地板接縫處應用弧形曲線以利清洗，建議弧度曲率在半徑3公分以上。

為使地面保持乾燥，排水設計亦是重要的一環。在GMP的規定裡，地面應有適當的斜度（1/100）以利排水，而水溝的流向設計

應由低汙染地區流向高汙染地區，並且在出口處設有固形物過濾網和陷阱，以防害蟲進入。

(三)牆壁

牆壁是汙染食品機會最大的部分，因此牆壁也要保持適當的清潔度，選用平滑無裂縫、無吸收性的材質，色澤也比較容易顯現汙染處。

(四)花板

雖然天花板和食物不會有直接關係，但還是要有無積塵、防黴、不吸濕的設計，否則灰塵、黴菌、水滴等從天花板掉落，會造成食品汙染。

(五)窗戶、門

一般廚房裡不會有窗戶，普遍都利用空調來做空氣循環，但也有部分廚房為使空氣流通及舒緩工作情緒而加設窗戶。在設置窗戶時，建議使用32目左右的紗窗，以防昆蟲進入，窗台應和水平線呈45度角以上的斜度，避免作為柵台使用且減少積污問題。門口設置需要可防止昆蟲、老鼠、灰塵等進入，且門面要平滑、不具吸收性，其開門方式用手推門且可緊閉的最好。

(六)燈光

根據聯合國衛生規範規定，工作場所的燈光亮度在220米燭光（20呎燭光），其燈炮或燈管最好有安全罩罩著，避免破裂時汙染食物；燈光不要採懸掛式，以嵌入式的方法安裝最好。

(七)庫房

1.庫房的分類

　(1)乾貨庫房：又稱溫室庫房，目的就在於乾貨的儲存。設計乾貨庫房的考量如下：

　　① 恆溫控制：庫房溫度應維持在23-25℃，不得隨意改變。

② 半密閉空間：半密閉指的是除了設有門與換氣口以外的空間，同時必須在換氣口外設置防蟻入侵的設施。

③ 除濕防潮：庫房中理想濕度為55%，太高或太低都會影響保存，必要時可在庫房內裝置全自動濕度調節器。

④ 照明設備：庫房內的照明設備開啟時，盡量要求照明無死角，這樣可防止藏污納垢堆積。

⑤ 防滑地板及排水口（易清掃）的設置：避免人員摔倒，及讓清洗庫房時的廢水順利排出。

⑥ 熱源避開與否：庫房內的地板若有埋設熱水管線，將會導致庫房內的溫度改變，因此設置庫房時一定要注意是否會接觸到熱源。

⑦ 置物架：擺放不鏽鋼製物層架，以便妥善分類整理儲存物，同時注意地面保持三十公分，離牆壁也要有二十公分的距離，並確實遵守儲存物品不得放置地面的規定。

⑧ 密封塑膠桶：有些特定食物（如麵粉）極怕潮濕或蟲蟻侵入，遇水氣後也會產生結塊的現象，所以防潮工作極為重要。因此，像麵粉這類的食材無論是否已將包裝拆封，最好都能放在密封的塑膠桶內，以確保不受潮、不被蟲蟻侵入，同時也應防範蟑螂、老鼠、蟲蟻侵入倉庫內破壞與孳生。

⑨ 安全存量：儲存的乾貨物品，以四天至七天的食量為安全存量，以避免臨時缺貨、無貨可用的情況發生。

(2) 濕貨庫房：又稱生鮮庫房，其設置的目的是為延長保鮮的期限，在設計上必須注意：

① 食物冷凍櫃並不等於急速冷凍櫃

在設計上，食物冷凍櫃的主要功能是存放已結凍的食物，急速冷凍櫃才是負責將生鮮食品或已熟成的食物急速冷

凍。兩者之間的差異在於急速冷凍櫃可將食物中的水分迅速凝結，不會因凝結的時間過長而改變食物本身的結構。而冷凍櫃會因機體內的溫度不夠低，無法使食物內外的水分同時凝結，進而導致食物的體積改變，倘若其結構遭到破壞會讓食物在解凍時將營養快速流失。

② 儲存方法的正確性

如將熱鍋或熱食直接放入冷凍庫內，會使周圍的食物因溫度差異過大而變質，同時也會造成機械不當的負荷產生耗電及故障的現象。

③ 冷藏與冷凍皆有不同的儲存功能，若無空間與財源上的考量，最好能分別購置冷藏冰箱與冷凍冰箱儲存食物。

(3) 日用品庫房

指一般清潔用品、化學溶劑、清洗用具、包裝耗材及餐具飾品的存放空間，雖然和烹調沒有直接的關係，但若管理不當也會容易造成誤取、誤用、誤食的情況發生，同時也會造成食物汙染或食物中毒意外事件。基於安全與衛生考量，上述物品必須另找一個密閉、陰涼、乾燥的空間記錄存放。特別是高危險性的清潔用品（如鹽酸、消毒水、除廁清潔劑等）更應妥善儲存，加確實記錄進出數量、請領人姓名、用途及流向的管制措施。以下是日用品倉庫存放要點：

① 做好防蟲措施以防範蟑螂、老鼠、蟲蟻入侵。

② 倉庫內擺放不鏽鋼置物層架。

③ 儲存的物品皆不得放置地面或緊靠牆壁。

④ 每件物品儲存量以七天為限，若少於七天庫量時，須做補貨動作。

⑤ 清楚標示物品名稱及使用時的注意事項。

2.庫房的使用

　爲有效達到食品保鮮的目的及產品儲存的安全，首要了解倉庫安全維護、溫度濕度控制、存放要點、行進動線的安排、照明設備的維護與存貨記錄的登錄等觀念，才能有效掌控食材的運用、菜單的撰寫，甚至採買、叫貨等連鎖事項。就上述所提的項目，分述如下：

⑴倉庫安全：倉庫若因管理疏失而導致不當的外力破壞（如盜取）或天災、水患、火災等，都會影響到餐廳的運作及大量的成本消耗。因此倉庫應設有專人看管，才能有效維護倉庫安全。

⑵溫度、濕度：無論是何種性質的食材與耗材，都會因溫度與濕度的改變而影響到產品的品質，嚴重時甚至只能丟棄，因此倉庫設立的首要條件就是要保持恆溫與恆濕。

⑶儲存存放：任何物品進入倉庫後，均要分類、分項上架儲存，才能避免食物交叉汙染，或有誤拿的情形發生，若有大量進貨時，也不應該將物品堆放在走道的位置上，避免工作人員絆倒。

⑷行進動線：行進動線除了不可堆放物品外，也須注意行進的長短距離，保持通到流暢及縮短行進距離，有助於人員移動時的安全，並省去不必要的體力耗費。

⑸照明設備：適當的照明亮度有助於庫房的整理與清潔的維護，同時也可防止工作人員絆倒及藏匿人員。

⑹存貨記錄：物品送進倉庫儲存時，皆須登記到貨日期、品名、數量、保存期限，同一類型的物品更是要嚴格遵守FIFO（先進先出）的原則，避免物品堆放過久，或是遺忘的情形，進而導致耗損、浪費的發生。當物品離開庫房時，也須

詳細登記品名；數量、請領單位、請領人姓名與請領時間，以有效掌控物品流向。

第七節　HACCP危害分析控制要點

台灣政府為確保食物中毒事件發生，剛開始訂主GMP規章，由於GMP規範太繁雜，由WTO成立之後就簡化成HACCP（Hazard Analysis Critical Control Point），希望在有限的人力與物力，找出最有效的方法，對危害的管制依循要點進行改善。

一、危害的定義（Hazard）？

會造成食品危害的有生物性危害、化學性危害與物理性危害，現分述於下：

(一)生物性危害（Biological hazard）

所謂的生物性危害是指由微生物、動植物的天然毒素或寄生蟲所造成的汙染，其中常見的有腸炎弧菌、沙門氏菌、葡萄球菌。腸炎弧菌是嗜鹽菌兼厭氧菌，以含3%-10%的食鹽環境下最容易生長，喜好溫度在30-37℃，引發中毒的原因是生食含腸炎弧菌的魚貝類或是該食物以受交叉汙染所致，像是海產或是加工食品。員工手部有化膿組織，常會有葡萄球菌寄生，遇到適合環境就會大量繁殖。

(二)化學性危害（Chemircal hazard）

化學性危害有自然發生、蓄意添加及非蓄意添加三種。自然發生的化學性危害係指黴菌毒素、組織膠毒素、熱帶魚毒素及貝類毒素；蓄意添加的化學性危害為直接在食物中添加保色劑、營養添加劑及色素；2012年發生在各種澱粉中加入順丁稀二酸，使作出

來的產品，Q彈；在麵粉中加入各種香精，使麵包有各種風味；爲了飲料色澤均勻加了塑化劑；非蓄意添加如清潔劑、盛裝容器含有有毒的成份，所造成人體的傷害。

(三)物理性危害（Physical hazard）

夾雜在食品中的石頭、木屑、動物屍體等，有食物常會有蟑螂，因此食品中常發現蟑螂腳。

二、發展HACCP的步驟

(一)組成HACCP

公司要推行HACCP計畫前，必須要先組成執行計畫小組，由小組成員來進行監督，並且每位小組成員都必須先接受HACCP相關指導單位的訓練。

(二)描述

了解菜餚中每一種食材可能會受到生物性、化學性或物理性的危害，並針對每道菜的製作流程作描述。

(三)產品的用途與使用對象

確定該產品實用前的使用方法及實用對象。

(四)建立食譜與流程圖

確定每道菜餚的食譜及烹調流程，其中衛生安全相關的規定可以陸續執行之後再予以修正。

(五)確認食譜與流程圖

由HACCP小組確定食譜及整體流程的確定性，由於這些爲之後判定CCP（重要管制點）的標準，必要時要及時做修正的動作。

三、HACCP七大原則

(一)危害分析

建立HACCP的首要步驟就是分析每一步驟所可能發生的危害。從原料進貨開始一一分析每個過程都有可能會造成的潛在危害點，並由HACCP小組來決定該危害是否為顯著危害，並加以記錄。

(二)決定重要管制點

重要管制點之決定應依據危害分析所獲得資料加以判定，此時更須仰賴HACCP小組的專業知識與概念。

(三)管制界限

每一重要管制點應建立管制界限，如溫度高低、時間的長短、pH值等，若可能時，每個管制界限應予以驗收。

(四)監測

應列出監測每一個重要管制點的項目、方法、頻率及執行者，以及時防止管制界限失控。監測的關鍵在於管制界限的設定，通常實施這些監測的人員都是受過專業訓練的人員。

(五)矯正措施

針對每一重要管制點，制定偏離管制界現時所需對應的矯正，以確保管制措施，而因發生偏離而採取的矯正措施也應做記錄的動作。

(六)確認

確認程序應予以建立。必要時，應對危害分析重要管制點進行驗收，並藉由確認及內稽核活動以決定食品安全管制系統是否有效執行。

(七)文件及記錄

危害分析與重要管制點計畫應文件化。此外，文件的發行、更新、廢止都須經過負責人（或授權人）簽署，並核准實施。在記

錄上應確實簽署並註記日期，其文件與記錄應保存至產品有效日期後的6個月以上。

四、進行HACCP計畫的成員小組

實行HACCP計畫時，要有固定的管制小組來進行。在管制人員的要求上，成員由負責人（或授權人）、品保、生產、衛生管理人員及其他幹部人員組成。其組別成員至少要3人，其中負責人為必要成員。

管制小組須接受中央主管機關認可的訓練機構所辦理的相關課程規劃，並領取合格證書，其中至少要有一位成員具備食品技師證書（此規定將於民國101年5月8日起實施）。

管制小組所需的職責有：

(一)鑑別及管理食品良好衛生規範相關記錄。

(二)訂定、執行及確認危害分析重要管制點計畫。

(三)負責食品安全管制系統實行的溝通及判斷所需資源。

在訓練上，食品業者應鑑別各部門人員執行食品安全管制系統的訓練需求，並予以執行和記錄。而管制小組成員每人須至少三年接受中央主管機關認可的訓練機構所辦理相關專業訓練、研討、講習等課程，累計12小時以上。

五、建立HACCP計畫之步驟

(一)成立HACCP工作小組

(二)詳述產品特性及其運輸方式

(三)產品使用方法及對象

(四)建立製造流程圖

(五)確認製造流程

(六)列出潛在危害及危害管制項目

(七)應用HACCP判定來決定控制要點

(八)建立管制界限

(九)建立監測系統

(十)建立異常的矯正措施

(十一)建立HACCP系統

(十二)建立資料文件與記錄並保存

第八節　安全

　　廚房在食材的前處理時常發生刀傷、燙傷、摔傷、扭傷、機械傷害及因使用不慎引發火災，理將各種傷害的防治與急救，分述於下：

一、刀傷

　　廚房工作員工常因拿刀具，使用不慎被切割，造成流血事件。

(一)刀傷防治

　　1.員工工作一定要專注，不宜分散注意力。

　　2.工作處一定要在足夠亮度下，一般要在220米燭光以上。

　　3.熟練的技巧，自行訓練要有熟練的技術。

(二)刀傷急救

　　1.用消毒液消毒傷口，並用乾淨的紗布拭乾。

　　2.塗上抗感染的藥膏。

　　3.如果大傷口大量出血則須按壓止血，再送醫院消毒並縫合傷口。

二、燙傷

(一)燙傷等級

燙傷分三級，其症狀如下：

1. 一級燙傷：症狀為紅、熱、痛，無水泡。
2. 二級燙傷：症狀為紅、熱、痛，起水泡。
3. 三級燙傷：初期表皮經破壞不會疼痛，患部有硬化及凹陷現象，第二天開始腫脹。若組織壞死要清除傷口。

(二)處理法

1. 一級燙傷：沖冷水再塗抹凡士林軟膏，患部不可抹肥皂或碰水，若傷口處會癢以冰袋裝水冰敷。
2. 二級燙傷：立刻沖冷水30分鐘降溫，馬上送醫。
3. 三級燙傷：不宜做任何處理，應用乾淨物蓋上，立即送醫。

三、摔傷

(一)摔傷處理

在廚房工作，應使用防滑地板建材，太滑容易造成員工摔傷。
員工應穿防滑的布鞋。

(二)摔傷急救

1. 首先了解傷情：傷口是否有破洞，關節是否受到影響。
2. 有開放性傷口：應送醫院進行治療，並打破傷風。
3. 沒有開放性傷口：不能讓非專業人員進行揉、捏、拉。若有腫脹，則用冰敷。

四、扭傷

扭傷也是常見的員工傷害，遇到扭傷有六大步驟要處理：

(一)先行冰敷

每次冰敷10-15分，一天重複三—四次。

(二)包紮

使用彈性繃帶來包紮。

(三)休息和冰敷

在四十八小時內冰敷，一天三次。

(四)熱敷及按摩

二天後可開始熱敷以40℃熱水做10-20分水療，或以熱毛巾熱敷三十分，並以痠痛乳膏來按摩。

(五)伸展

熱敷後伸展受傷的肌肉。

(六)等待復原

等待傷口處不再疼痛，再增加工作量。

五、機械傷害

廚房常見的機械傷害為絞肉機，絞肉機有吸力，員工常不自覺，使用絞肉機應用木棍來塞肉，不宜用手，手常會被吸入。

遇到傷害應先拔電插頭，連機器與人帶到醫院處理。

六、火災

引發火災有四種要素，即有足夠的燃料、有空氣、有一定熱能、燃料具連鎖反應，使火焰繼續燃燒。

(一)火災的分類

火災分為下列幾類：

1. 普通火災：由易燃物如木頭、紙張、布料、塑膠等易燃物所引發。

2.油類火災：由溶劑、油類所引起。

3.電力火災：由電力使用不當，如開關、變壓器、具導電性。

4.金屬火災，由鈉、鋁、鎂易氧化金屬所引起的火災。

㈡滅火器的種類

滅火器可分為下列四種：

1.泡沫滅燃：將泡沫輕落在火燄上。

2.二氧化碳滅燃：近火焰處噴灑，再向上噴灑。

3.水：用水直接噴灑火焰基部。

4.乾粉：直接噴灑於火焰基部，再噴灑乾粉於燃燒的物品中。

㈢火災之防範

1.定期檢查環境衛生：不宜有易燃物堆積，通路要暢通。

2.定期檢查電力系統：整體電力應足夠，若電力不足很容易跳電，如過度使用也會造成火災。

3.有足夠的消防設施：應有健全的消防設施並定期檢查。

第二章
刀具種類及應用

第一節　刀具介紹

一、西式廚刀：頂級系列／鍛造口金廚刀

(一)削彎皮刀

削彎皮刀

(二)削皮刀

用來削去食物的外皮，其造型繁
多，主要分為固定及旋轉式兩
種，值得一提的是，有專門為左
撇子設計的刀型。刀身長度約在
1.5吋左右。

削皮刀

(三)番茄刀

番茄刀

(四)水果刀

水果刀

(五)剔骨刀

是所有刀器中最堅硬、最尖薄的
刀型，主要是用來刮去黏在骨頭
上的肉渣及分割肉塊等用。刀型
有刀根與無刀根或木柄、膠柄之
分。刀身長度（不含刀柄）則在
6-8吋之間。

剔骨刀

(六)片刀（魚肉片刀）

又稱為片刀，是所有刀器中最細
長、最柔韌、刀面最窄的刀型，
主要用來片取魚肉、里肌肉、
火腿肉等用。刀身長度（不含刀
柄）在14吋之間。

(七)調理刀

(八)彎切叉

(九)切片刀(1)

(十)切片刀(2)

(土)麵包刀(1)

是所有刀器中最利、最快的刀
型，是用來切麵包、蛋糕、派皮
等，刀型設計會依照廠牌或使用
者習慣稍有不同（有、無刀根，
或木柄、膠柄）。刀身的長度
（不含刀柄）則在10吋之間。

(土)麵包刀(2)

片魚刀

調理刀

彎切叉

切片刀(1)

切片刀(2)

麵包刀(1)

麵包刀(2)

(圭)主廚刀

又稱西餐刀、法國刀，是所有刀
器中使用最頻繁的刀型，主要用
來切絲、切片、切丁、切塊、剁
碎等用途。刀型設計會依廠牌或
使用者習慣而有些微不同（有無
刀根，或木柄、膠柄），刀身長
度（不含刀柄）在10-12吋之間。
是西餐廚房中不可或缺的刀具之
一。

主廚刀

另外還有一種較短的小廚師刀長
度約8吋，其功能與一般廚師刀相
同，主要是爲了給手較小的人使
用。

二、西式廚刀：專業系列／鍛造口金廚刀

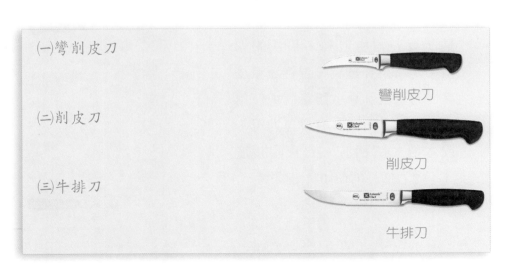

(一)彎削皮刀

彎削皮刀

(二)削皮刀

削皮刀

(三)牛排刀

牛排刀

(四)水果刀

水果刀

(五)剔骨刀

剔骨刀

(六)剔骨刀—彈性

剔骨刀—彈性

(七)片魚刀

片魚刀

(八)片魚刀—彈性

片魚刀—彈性

(九)肉叉

肉叉

(十)直切叉

直切叉

(圭)切片刀

切片刀

(圭)切片刀

切片刀

(圭)麵包刀

麵包刀

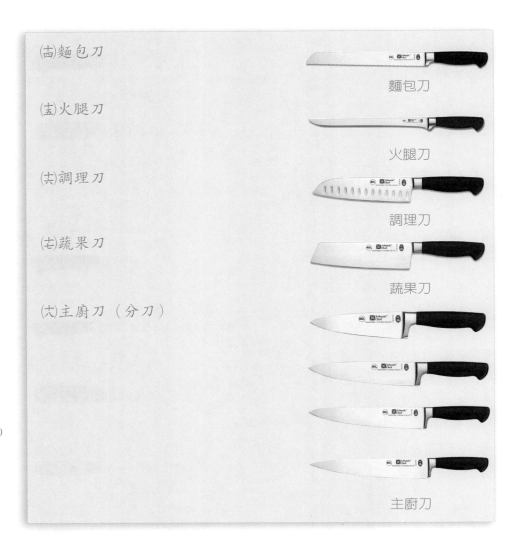

(齒)麵包刀

麵包刀

(圭)火腿刀

火腿刀

(宍)調理刀

調理刀

(圭)蔬果刀

蔬果刀

(圥)主廚刀（分刀）

主廚刀

三、西式主廚刀：經典系列

(一)窄刃剔骨刀—彈性

窄刃剔骨刀—彈性

(二)彎剔骨刀

彎剔骨刀

(三)剔骨刀

剔骨刀

(四)剔骨刀—彈性

剔骨刀—彈性

(五)水果刀

水果刀

(六)片魚刀—彈性

片魚刀—彈性

(七)片魚刀—彈性

片魚刀—彈性

(八)麵包刀

麵包刀

(九)彎麵包刀

彎麵包刀

(十)寬麵包刀

寬麵包刀

(土)麵包刀

麵包刀

(土)有鋸齒薄片刀

有鋸齒薄片刀

(圭)打凹槽薄片刀

打凹槽薄片刀

(圭)打凹槽薄片刀

打凹槽薄片刀

(圭)鮭魚刀

鮭魚刀

(圭)調理刀

調理刀

(圭)蔬果刀

蔬果刀

(圭)主廚刀（分刀）

主廚刀

四、西式廚刀：實用系列

(一)窄刃剔骨刀

(二)彎剔骨刀

(三)剔骨刀

(四)剔骨刀—彈性

(五)水果刀

(六)片魚刀—彈性

(七)片魚刀—彈性

(八)彎切叉

(九)直切叉

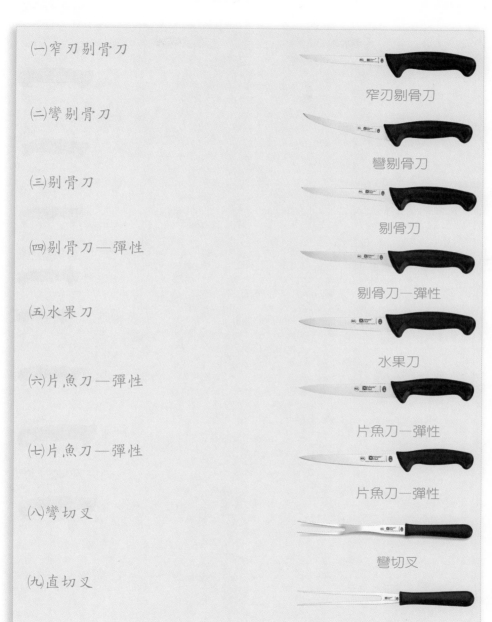

窄刃剔骨刀

彎剔骨刀

剔骨刀

剔骨刀—彈性

水果刀

片魚刀—彈性

片魚刀—彈性

彎切叉

直切叉

(十)麵包刀

麵包刀

(土)彎麵包刀

彎麵包刀

(圭)寬麵包刀

寬麵包刀

(圭)有鋸齒薄片刀

有鋸齒薄片刀

(齒)打凹槽薄片刀

打凹槽薄片刀

(圭)鮭魚刀

鮭魚刀

(共)調理刀

調理刀

(七)蔬果刀

蔬果刀

(共)主廚刀（分刀）

主廚刀

備註：以上圖片是由台中六協興業股份有限公司提供（台中市太平
區精關路6號，Tel 0422791105）

五、其他

(一)小刀

又稱為削刀，是所有刀器中最小的刀型，用來去膜、揀菜、削
皮、雕花、去梗、去蒂等。刀型設計會依廠牌或使用者習慣有所
差異，長度約在3吋之間（不含刀柄長）。

(二)小彎刀

為削橄欖專用刀，其刀刃部分有如弦月般的彎角造型，刀身長約
在1.5吋左右。

(三)砍骨刀

又稱為剁刀，是所有刀器中堅硬、最厚重、刀面最寬的刀型，用
來剁肉、砍雞骨、軟骨、肋骨等。刀型也有木柄、膠柄之分。刀
身的長度在12吋之間。

(四)齒溝刀

主要用途是將檸檬或小黃瓜等圓體狀的食物，挖出多條等距的深溝後，再切成圓片狀像機械般的齒輪狀。

(五)奶油刀

奶油取用刀

主要功能不是切割食物，特殊的彎鉤設計，是為了方便取用膏狀奶油，刀身長度在1.5吋左右。

(六)牡蠣刀

又成蛤刀，刀身短、刀刃粗鈍、刀面寬薄的刀型，主要是用來取牡蠣的殼用。牡蠣的造型很多。刀身長度在1-2吋之間。

(七)生蠔刀

用途與牡蠣刀差不多，特色和牡蠣刀一樣。

(八)菲力刀

又稱為魚刀，是所有刀器中最細長、柔軟的刀型，用來切取魚肉（魚菲力）、去除魚皮及切（分）里肌肉等用。刀型依廠牌或使用者的習慣而有所差異（有、無刀根，或木柄、膠柄）刀身的長度（不含刀柄）則在8-10吋之間。

(九)抹刀

雖然稱之為刀，但不是切割食物用，扁長且平直的設計，主要是將泥狀（馬鈴薯泥）、膏狀（奶油霜）、濃漿狀（巧克力）的食物抹平。有時也可以用來移取易變形的食物，刀身的長度、寬度（不含刀柄）有大有小，較常用的尺寸在10-12吋之間。

(十)打鱗刀

專業用打鱗器的造型像粗硬的刷子，用來刮除魚鱗。

(十一)蒜頭壓泥器

將去皮的大蒜壓成泥狀，以省去切割的動作

(十二)家禽縫針

(十三)感溫探針

(十四)烤肉叉

(十五)開瓶器

(十六)磨刀棒

(十七)油脂引導器

(十八)胡椒研磨器

　　旋轉胡椒研磨器的頭部，可將胡椒粒成粉狀後由底部篩孔掉出，
其材質可分爲木頭跟壓克力兩種

(十九)橡皮瓜刀

第二節　用刀要領

(一)刀工介紹（Knife Skill Introduce）

　　漂亮的食物造型可以替整道菜餚的質感及美感提升不少，爲了要
讓石材整齊劃一地呈現，刀工是其關鍵。要讓刀工技巧更佳純熟
沒有什麼特別的訣竅，唯有不斷地練習、累積經驗。

　　使用刀器時，首先先將刀拿穩，找出順手、舒適的握法，如此才
能準確切割；用刀的時候，手輕握住刀柄並放鬆，若太僵硬會容
易造成手扭傷、抽筋等不適現象。初學者在切割時，先講求下刀
準確，不要操之過急，熟練之後自然就會加快速度。此外，下刀
時不要猶豫不決，直接將食材一刀切下去，這樣線條才會漂亮。

(二)下刀方式

　　西餐烹調食材的切割，主要以廚師刀爲主。最常使用的下刀方
式爲「滑刀推切」、「刀尖拉切」、「刀根分切」、「刀刃壓
切」、「斜刀切片」、「雙刀切」、「斜刀切片」、「直刀切

片」、「平刀切片」、「前後推拉」、「揀菜挑膜」、「刮骨去鱗」、「截斷」等十一種切法。每一種刀法的下刀要領及施力方式都不同，必須不斷練習才能體會出訣竅。

1. 滑刀推切：使用刀具為廚師刀。由於廚師刀的設計是採用一體成型的流線造型，因此在切割時須將刀柄向上提，使刀身與砧板呈45度角。利用重力加速度的下滑推切方式，以刀刃的部分來切斷食物。反覆地來回推切，可將切割時所產生的摩擦力降到最低，有別於中餐刀上下的施力方式，適合切絲、切小丁、切丁片。

2. 刀尖拉切：利用出師刀的刀尖快速地向後拉切。常運用在分切鱗莖蔬菜（如洋蔥）或大顆的包心菜上。

3. 刀根分切：提起廚師刀並利用廚師刀的刀根自然下墜的速度，可以很快地分切鱗莖類蔬菜。若能操作熟練，比起刀尖拉切法，可省下更多時間與力氣。

4. 刀刃壓切：用左（右）手固定廚師刀刀尖，再以右（左）手輕握住刀柄，上下快速移動，利用廚師刀的刀刃輕易將食物斬斷成細小狀，常用來切末。

5. 雙刀切：雙手分持兩把同樣規格的廚師刀，以快速打鼓的方式讓廚師刀上下移動切斷食物。雖然能加快切斷食物的速度，但操作起來十分危險，極容易傷及自己或他人，因此不建議初學者使用。這方法大多是用來將食物切成細末狀。

6. 斜刀（片）切：使用斜刀片切法的主要目的，是將體積較小的食材切出最大面積，如菲力牛肉的尾端及鮭魚片的尾端，利用斜刀切片可以切出較大的面積。這種切割方式可使用廚師刀、片刀及菲力刀來操作。

7. 直刀切片：主要是將塊狀食物切成片狀或直接截斷的方式，如

胡蘿蔔切片就是使用直刀切片法切割，使用的刀具為廚師刀。

8. 平刀切片：以水平橫切的下刀方式，將體積較長扁的物體切成片狀，例如，西芹的切片就是使用平刀切片法切割，使用刀具為廚師刀。

9. 前後推拉：有些食物的構造特別鬆軟（如吐司麵包），若使用一般方法切割，會無法順利切斷，且改變（壓壞）原有的外形，若改用前後推拉的方式，可輕易且精確地切斷鬆軟食物。使用此切割方法的刀具有鋸刀和麵包刀等。

10. 揀菜挑膜：揀菜挑膜的操作條件是針對揀菜和去膜兩個動作，使用工具為小（削）刀。

　(1)揀菜：蔬菜的表面（如花菜、洋菇蒂）常帶有很粗的纖維，這些纖維非常不易咀嚼，還會卡牙縫，因此在烹調前應先行挑除。

　(2)去膜：洋蔥、紅蔥頭、大蒜之類的食材，表面都包覆一層葉膜，此層葉膜不可食用，因此在備菜時先用小刀挑去這一層薄膜。

11. 刮骨去鱗：刮骨去鱗的操作方式有兩種，一種是利用鋒利的刀刃刮去骨頭上的肉渣，另一種是使用刀背刮去魚身上的魚鱗。使用刀具為魚刀及去骨刀。

12. 截斷：主要是將堅硬的帶骨食物切一分為二或二以上時，所使用的切割方式。雖然使用的刀具為砍骨刀，但是並非所有堅硬帶骨的食物都可以砍斷。如果是比手指頭還粗的食物，建議改用電鋸截斷，不然強行用砍骨刀截斷食物一樣會傷及刀刃，嚴重時甚至會因反作用力的力道過強，而發生意外事故。

(三)切割類別

　雖然切割方法看似很多樣化，但嚴格劃分起來只有三大類型：一

種是順紋切割，再來斷紋切割，最後是重視刀工的雕工型切割。

1. 順紋切割：順著食物纖維走向的切割法，無論是肉類或是蔬果類，都可以維持食物本體。所以適合耐長時間的烹煮，且烹煮後的形體不易改變。因此，想要維持食物在烹煮後的形體仍保有完整性，又能享有入口即化的口感，順紋切割法最為合適。

2. 斷紋切割：切割主要是針對蔬果類與肉類的切割方法。

   (1) 肉類：用橫向切割將纖維切斷，有助於增加肉類食物的柔軟口感，特別是在煎、炒、炸等短時間的烹調法中效果特別顯著。注意這種切割方式不耐長時間烹煮，很容易將食物煮得太乾或太老。

   (2) 蔬果類：用橫向切割將纖維切斷，注意這種切割方式不耐長時間烹煮，很容易將食物煮爛。

表2-1　各切割法適用的部位

切割法	種類	適用部位
順紋切割	肉類	運動量大的肩、臀、腿、足、尾
	蔬果類	塊根、莖
斷紋切割	肉類	運動量小的里肌、腹部
	蔬果類	塊根、莖、葉
雕工型切割	肉類	無
	蔬果類	塊根、莖、各類水果

3. 雕工型切割

   通常雕工型的切割法就是用在裝飾與盤飾的部分，而非用來烹調，所以要求重點是講究一體成型，或先做部分切割再組裝成型。雕塑成品的內容包括各類造型，這些成品的用途多為展示用，所以注重的是保存及保鮮期限，不會用來烹調，而且只講究形體美觀，不重視咀嚼口感，所以無法兼顧到烹煮後食物各

部位的連結力。只要是連結力不同，經過烹調後的就會毀壞原有的形體，因此將食物以雕工型切法切割後再來烹調，對食物本身不具有任何意義。

(四)食材切割

食物切割的好壞在於下刀的要領是否明確掌握。有些經驗豐富的廚師不僅切割的速度快，切出來的品質更是精準確實。主要原因除了勤於練習外，對食物本身的結構也有充分的了解。下面將針對肉類、海鮮及蔬菜的切割分別做介紹，而雕工型的切割算是另一門學問，在此便不多做討論。

1. 肉類切割

(1)家畜類的切割：家畜類的切割法主要是以截肢、分割、蝴蝶刀法、切絲、切塊等五種。

① 截肢：先了解骨骼的結構，找出關節的部位，再沿凹陷處切下，即可輕易折斷，但較大型的肉塊（家畜），無法採用上述切割方式，最好改用電鋸分割較妥當。

② 分割：肉塊周圍都有結締組織分隔做保護，在分割肉塊時，將刀刃沿著結締組織層遊走，可輕易將肉塊完整分割，也可以用刀尖拉切的方式將肉塊分離。

③ 蝴蝶刀法：這種做法常用在里肌肉（瘦肉）的切割，目的在於將較小較厚的肉塊攤開成肉片狀，以增加肉的面積。第一刀先取厚度約1.5公分的肉片，第二刀再由1.5公分厚度的一半處切開、但不切斷，然後將肉片攤開，以方便製作成像是肉捲等不同製品。

④ 切絲

a. 肉絲：切肉絲主要是靠手感，唯有不斷練習才能使成品大小一致。

b. 肉柳：肉柳的長度通常是以小指頭的大小爲基準，切法和切絲的刀法相同，都是先切片再切成絲。

不論是切絲或切柳條，在切割前先把肉冰一下，這樣切出來的成品會比較漂亮。

⑤ 切塊

肉塊的大小，通常是以成人一口的量爲基準切割。這種切法多用在長時間的燉煮上，由於肉塊經過長時間燉煮後會收縮，因此在切割的時候可以切大塊一點。

2. 家禽類的切割：在切割家禽類的時候要注意動作的熟練度，避免破壞肉的完整性而影響賣相。

(1) 切割：

禽類宰殺流程如下—

先將頸部的羽毛拔除，並由頸部內側劃上一刀，讓血流出。等血流乾後再放入滾水中煮數十秒後撈出，浸入冷水片刻使之脫毛。之後把頸背的皮用單手握住並向下繃緊，再用小刀從繃緊處劃開，挑起頸部並由上下兩端處截斷，取下頸部。

小刀在腹部劃開長約3公分的缺口，用中間三指從缺口伸入，沿著腹腔壁將內臟和腹腔壁分開，即可將內臟全部脫出。再用中指從頸部截斷的地方進入背夾骨內側（此時手掌是朝上），找到肺（左右各一片），施予一點力道取出。

去腳筋的時候用小刀將腳背的皮劃開，找到腳筋後拉起，再用磨刀棒穿過腳筋，旋轉磨刀棒一圈後，抽出腳筋。腳筋抽出後用小刀在膝蓋交接處切下，以切去腳爪。而翅膀的尖端（翼尖）在西餐烹調上並無作用也可以一併切除。

大部解剖可將禽類分切成胸部、腿部兩部分，之後再細切爲雞翅兩份、胸肉四份；腿肉則可分切爲大腿肉兩份，小腿肉

兩份，合計是十份，故稱「一開十」。

處裡結束後，剩餘的部分便是船骨（背骨）及尾椎兩部分，船骨通常都會用來熬煮高湯，而尾椎則毫無用處。

(2) 縫綁

使禽類在烹調後仍保持體態的完整性及肉質的彈性

① 縫

先用縫針穿過右大腿再穿過胸腔由左小腿穿出後，再平行穿過腹腔及右小腿穿出。縫線繞過右小腿後再穿過胸腔由左大腿穿出，然後用將縫線繞過左翅，並穿入左翅、頸皮、右翅，與右大腿上的線頭交會。最後將右翅與右大腿上的線頭拉緊，調整禽類的體態後，打上繩結即可。

② 綁：

取長180公分的綿繩對折，並以對折處綁住尾椎（胸部朝上），再將左右兩隻腳拉至尾椎上端處綁緊，並將綿繩沿著腿部內側往上拉緊。之後翻轉使背部朝上，而兩端的綿繩分別繞住兩邊的翅膀後，拉緊綿繩並在頸背上打一個繩結，調整禽類體態即可完成。若繩結在綁的過程中彈開，在綁前多繞幾圈即可。

(2) 海鮮的切割

魚的形體較單純，先將魚做初步的處理（如：除魚鱗、內臟、魚鰓……等等）後，再剔除魚皮、切成肉柳、斜片、菲力或是直刀橫切（剖面）大型魚類（如鮭魚、石斑）的身體等。

3. 一般魚類切割

先從魚肩部頂端順著魚鰓往胸部劃去，直到觸及魚骨的位置；再由肩部頂端沿著魚鰭（背）往尾部劃去，並慢慢施力順著魚

肉及魚刺接縫處往下劃開到魚的腹部為止；最後，用魚刀沿著魚肉及魚刺接縫處刺穿，並往後方劃開直至魚尾為止，即可將魚菲力取下。

拿魚刀朝魚菲力的尾端往後方輕輕劃開至魚皮為止（不切斷）。再將刀刃反轉朝下15度角，沿著魚皮與魚肉間，朝魚菲力前端劃去，便可將魚皮與魚肉分開。若要將魚肉切成柳條狀，先將魚菲力修成菱形狀，再切割成長短、粗細一致的魚柳即可。

(1) 底棲魚類切割

手持魚刀由魚肩部頂端順著魚鰓往兩邊劃去，直到魚鰭的位置（不切斷）。再由肩部頂端中心位置沿著魚骨（脊椎）往尾部劃去，之後慢慢施力由脊椎部位的魚肉及魚骨接縫處，分別往左右兩方向劃開，取下魚菲力。再用魚刀朝魚鰭兩邊內側由前往後方輕輕劃一刀，一隻手壓住魚的尾部，另一隻手挑起魚皮往前拉起，可輕易去魚皮。

(2) 軟體類切割

軟體類海鮮常見的有魷魚、花枝、透抽等軟體動物，藉由直刀或是斜刀的方式對身體內部做切割，再經由汆燙，呈現出多樣化的造型。

再來特別介紹龍蝦的處理方法：龍蝦的切割方法可分為電鋸切割、廚師刀切法兩種。電鋸切割是利用電鋸高速轉動所產生的切割力，將龍蝦一分為二；另一種是使用廚師刀的刀尖刺入龍蝦背後，再將蝦子一分為二。至於蝦箝的部分只須取硬物（如刀背）輕輕敲裂，再取出蝦箝肉即可。

4. 蔬菜的切割

通常以塊根和塊莖類的蔬菜為主，其切割方式可分為下列幾項：

⑴切絲：可分為順切細絲、橫切細絲、粗絲、火柴棒狀等四種。

⑵削橄欖：將蔬菜（胡蘿蔔）削成橄欖狀時，依照大小可分為薯條狀、橄欖狀、迷你橄欖、長型橄欖、城堡橄欖、烏龜狀等六項。其切割要點是先切取等長的胡蘿蔔，再依其半徑大小分別取一開四或一開六、一開八的份量。再以左手持被切物，右手持小刀（平握），由前向後反覆削取，削至橄欖形狀為止。

⑶切丁塊：可分為末、碎、小丁、大丁、調味蔬菜、滾刀塊、散狀等七樣。

⑷切片：可分為丁片、圓形厚片、圓形薄片三種。

⑸切洋蔥：切洋蔥的方法大致上有切絲、切塊、切末三種。切絲基本上可分為正切洋蔥、反切洋蔥和分頁切洋蔥三種方法，其中以分頁切洋蔥的刀工最細緻，可切成正方體小丁。切洋蔥塊時，直接將洋蔥以滾刀方法切成塊狀即可，通常用在熬煮高湯時使用。至於洋蔥末的部分則是以刀根或刀尖分切洋蔥（不切斷），再以平刀法橫切三刀，最後再將洋蔥以切小丁的方式切碎。

⑹特殊造型：特殊造型有圓球狀、蜂巢網狀、流星槌狀、小籠包狀、星型指南狀等，前四項是以根莖類蔬菜為對象，後兩項則常見應用在菇蕈類。

圓球狀是使用挖球器挖出圓形球狀的造型；蜂巢網狀則是使用多功能刨刀所刨出；而齒溝槽狀是用齒溝刀刻出溝痕，再用廚師刀片切片；流星槌狀是先將被切物以直刀片法切出一正方體，再將正方體的六面分割畫上「田」字，最後用小刀或菲力刀沿任一面之中間線向前及向後各切45度角的斜刀，

反覆做這動作直至六面全切割完後，剝去被切的部分後即可。

小籠包狀是以右（左）手反持小刀或是菲力刀，並以洋菇頭（或其他菇蕈類品種）的中心點為基準，左（右）手輕握洋菇頭順時鐘旋轉，右（左）手持刀逆時針依序旋切洋菇表面。每次旋切的距離是0.1公分，使洋菇頭切完後，能呈現小籠包的外型。而星型指南針狀則是用小刀或菲力刀，在新鮮香菇的表面用斜刀淺切（不切斷）的方式，三次六刀的對角切割，就可得到星型指南針狀的香菇。

第三節　刀器保養

一、清洗

刀器使用完畢後應徹底清洗（清除刀面上之菜漬殘垢），並以醋水擦拭趣味再用乾淨的抹布拭乾。

二、存放

刀具的存放應確實分類，並依序收入刀套或刀具箱內。切忌不可讓刀具與刀具直接接觸，以避免彼此之間互相撞擊而傷及刀刃，產生缺口。

三、打磨

刀具經使用後一定會產生遲鈍的現象，為使刀具保持鋒利，必要的打磨可使刀具便於切割。刀具的打磨的方法可分為磨刀棒、磨刀石、砂輪機等三種方法：

(一)磨刀棒

　　1.有分粗牙棒和細牙棒，其使用方式及操作過程如下：

　　刀器經長時間未使用或刀刃較鈍時，先用粗牙棒打磨至刀刃兩面對稱（可用拇指、食指夾住刀刃，由刀尖滑至刀根感應），再用細牙棒打磨鋒利即可（可用刀刃輕刮指紋，若感應到可細數指紋數即可收入刀套或刀具箱中）。

　　2.打磨方法

　　左（右）手平持磨刀棒橫於胸前，棒上的擋鐵片方向與身體呈垂直，並用拇指、食指分別頂住擋鐵。右（左）手持刀器研磨棒兩側15度角，由上而下、由刀尾至刀刃尖端，反覆交替打磨至鋒利即可。

(二)磨刀石

　　1.磨刀石有顆粒粗磨面與顆粒較細磨面之分，使用方式及操作過程如下：

　　磨刀石使用前先浸泡於水中，待完全濕透後方可使用。磨刀前應在磨刀石下方放置濕的墊布以防止磨刀石滑動發生危險。磨刀時（備清水）先由顆粒較粗面磨起，待打磨至刀刃兩面對稱後（可用刀刃輕刮指紋，若感應到細數指紋即可整齊收入刀套或刀具箱內）

　　2.打磨方式

　　將刀刃與磨刀石面呈15度角，用雙手平推，平拉刀背，由尾端到尖端反覆來回及正反兩面交替打磨至鋒利。

(三)砂輪機

　　當刀器嚴重損壞時（如刀面折斷、刀刃有缺口），除了妥善包裹好丟棄外，也可以送至鐵工廠用砂輪機重新按比例打製。

第四節 分切圖

一、牛肉分切圖

牛肉各部位介紹如下：

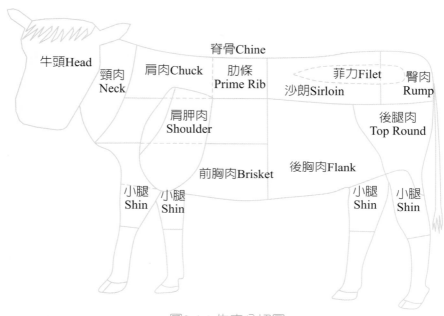

圖2-1 牛肉分切圖

㈠菲力（Filet）

切割自背部的柔嫩瘦肉，是整條牛最佳的部位，此部位運動量最少，因此肉質鮮嫩細緻，幾乎不含脂肪。

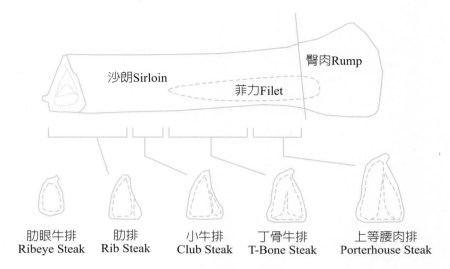

肋眼牛排　　　肋排　　　　小牛排　　　丁骨牛排　　　上等腰肉排
Ribeye Steak　Rib Steak　Club Steak　T-Bone Steak　Porterhouse Steak

圖2-2　菲力位置

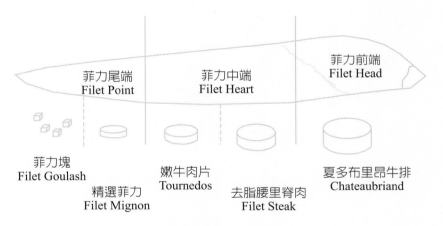

菲力塊　　　　　　　　嫩牛肉片　　　　　　　夏多布里昂牛排
Filet Goulash　　　　　Tournedos　　　　　　 Chateaubriand

　　　　精選菲力　　　　　　　去脂腰里脊肉
　　　　Filet Mignon　　　　　 Filet Steak

圖2-3　菲力分切圖

(二)小牛肉（Veal）

　　小牛肉是三個月以下的酪牛肉，小牛在成長過程中只餵食牛奶，
脂肪較少。

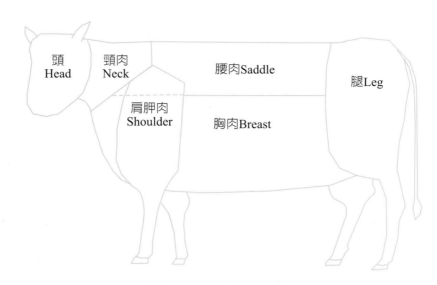

圖2-4　小牛肉分切圖

二、豬肉（Pork）分切圖

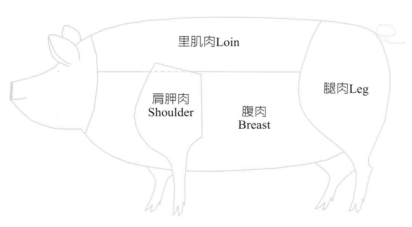

圖2-5　豬肉分切圖

三、羔羊及羊肉（Lamb and Mutton）分切圖

　　三至五個月的綿羊（Sheep）稱爲小羔羊（Baby Lamb），五個月到一歲稱爲羔羊（Lamb），而羊肉（Mutton）是指超過一歲的羊。

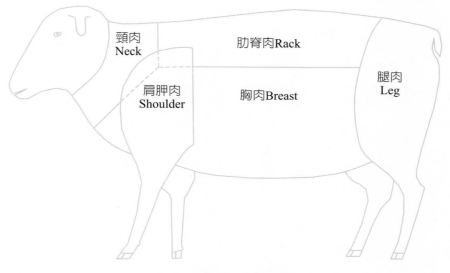

圖2-6　羊肉分切圖

四、雞肉分切圖

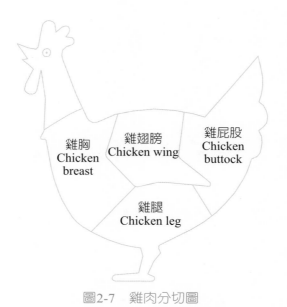

圖2-7　雞肉分切圖

第三章

基本烹調法

本章節將介紹基本的烹調方式。基本烹調法在西餐中是非常重要的課題，根據原料的特性及品質來判斷運用各種不同的烹調技巧，經由了解基本的烹調技巧與方法來做料理，讓食材發揮其最適當的美味。基本方法分為兩大類即濕熱法與乾熱法。

第一節　濕熱法

烹調時，加水及液體之烹調法，成品較軟、爛。

一、殺菁Blanching

殺菁（Blanch）的法文原意為「漂白」，即相當於中餐烹調「汆燙」的方法，指不使用蓋子將切割好的食物放入大量的冷水，食材與水量比例為1：10，水量足夠則食物受熱溫度就越平均，避免大幅降低溫度，使其慢煮略滾，如果食材不是馬上使用的話，可再投入些冷水預防食物過熟；或是將食材放入速滾的水中（1：10），讓其短時間滾燙一下，再將食材拿出放入冷水中，如不立刻使用即使其排水冷卻以備隨時取用。

對菠菜及細小豆類等較細軟的蔬菜，殺菁可說是種完全煮熟的步驟，但對其它食材來說，殺菁只是初步烹調的處理功效。

不論是過水或過油，在眾多烹調方法中都是一種預煮（Precook）的步驟，其作用是為了節省烹調時間及用來維持顏色與延長保存時間。

殺菁有兩種，分為「過水」及「過油」。

(一)過水

過水分為兩類，一為冷水，另一為熱水，一般根據食品的種類來決定。

1.冷水

將食材投入冷水中,加熱煮沸後轉小火慢煮,撈起後迅速浸入水中。常用於骨頭及切塊肉類。目的是去除食物所含的油雜質、血水、鹽份,將食材之氣孔打開,讓過量的鹽份及雜質汲出稀釋;例如:保存火腿及醃豬肉。

2.熱水

另一種則是將食材投入沸水中滾沸後,撈起浸入冰冷水中冷卻。通常用於蔬菜、豆類與馬鈴薯。此方法可關閉氣孔,保持蔬菜原有的色澤與營養,並抑制氧化酵素產生之變化,減低農藥殘留達到殺菌的功效,或減少體積以利包裝貯藏,也可利用此方法來輕易脫除蔬果類食材之皮膜;例如:番茄皮及內臟膜。

(二)過油

深鍋過油(Blanching in Deep-Fat)油溫應維持130℃,華氏265度,常用於魚類、馬鈴薯及蔬菜上,目的為預炸使食物接近熟成階段以達殺菌作用及節省許多烹調時間,並利用油溫封住食物表面,使蛋白質凝固包住肉汁,防止流失。

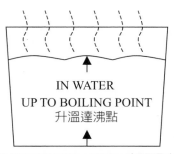

不加蓋

IN WATER
UP TO BOILING POINT
升溫達沸點

HIGH TEMPERATURE 高溫過水

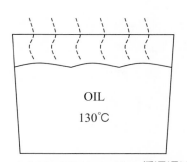

OIL
130℃

LOW BOTTOM HEAT 低溫過油

二、低溫煮Poaching

低溫煮（水波式）的原則是用少量的液體，不加蓋子烹煮時小心控制溫度，低溫保持在65℃-80℃（華氏150-175度）的範圍，表面不需滾沸，慢慢將食物浸泡到熟成的烹調方法。

低溫慢煮法文為Pocher，此種溫和的烹煮法，防止食物在烹調過程中變乾而無味，對於食材的組織結構及營養成分破壞較少，因此食物可保有較多水分；溫度若超過80℃則蛋白素會遭到破壞。通常適用於雞蛋、魚類、家禽類、甜點等較柔嫩的食材，使其質地保留鮮嫩、原味多汁的特色。

雖然低溫煮不會破壞食物組織，但可能因為浸泡時間過長，造成食材中水溶性的營養物質流失；因此可用同性質的高湯代替煮液，以煮液直接調製醬汁（Sauce），一起食用，並應將熟成物立即取出，避免長時間浸泡。

低溫煮依食材不同的特性，可區分為三類型：

(一)水煮

水煮又分為需攪拌及不攪拌兩種。

　1.攪拌

　　通常用的食材為雞蛋、香腸、醃漬或燻豬肉。用低溫煮水波蛋，可在水中加醋，醋與水的比例為1：10，水滾後熄火，將蛋放入用小火煮至浮起即可。

　2.不攪拌

　　乳蛋糕、馬鈴薯、蔬菜、甜點。

(二)淺盤煮

多用於烹調魚類、家禽類，最好能使用長形魚類專用煮鍋，將液體加入食物一半的高度來煮，上方覆蓋塗有奶油的紙，小魚及切塊魚應投入滾沸過但降溫不冒泡的熱液以小火煮，整條大魚則以

冷液煮至滾再調回低溫煮；淺盤因空間較小，可減少液體量，防止魚的味道流失太多，並注意火侯控制，避免破壞肉形的外觀，煮魚常用的煮液大多爲白葡萄酒與水的混合、或由香料與水調成簡易高湯。

(三)複式（雙層）鍋煮（Bain-Marie Cooking）

雙層煮鍋（Double Boiler），Bain-Marie法文原意爲「瑪莉浴」，此法是由中世紀義大利一位名爲瑪莉的人所發明的，亦屬低溫煮其中之一；方法爲在熱水鍋中再多加一個鍋來煮，使用圓形容器，以便作高度的攪拌，煮食材的內鍋不直接接觸熱源，外鍋水也不超過100℃，溫度較穩定易保持，無煮沸之疑慮，適合較敏感的食材；例如：乳酪、蛋捲、醬料。

Bain-Marie定義較廣，不一定須有兩層鍋，常用來維持食物溫度的保溫車、或以電熱空氣保溫的電熱槽都可稱爲「瑪莉浴」。

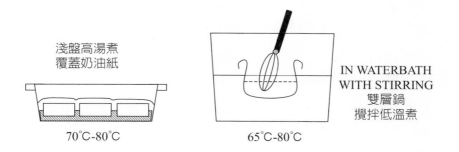

淺盤高湯煮
覆蓋奶油紙
70℃-80℃

IN WATERBATH
WITH STIRRING
雙層鍋
攪拌低溫煮
65℃-80℃

三、沸煮Boiling

沸煮也稱爲滾煮，食材放入滾沸的水或高湯中，將其煮至所需要的熟度，烹調時溫度需維持在100℃以上（華氏212度），液體量必須完全覆蓋過食物，水量蒸發減少時，應隨時補充適量的水或高湯。常用於肉類、骨頭、豆類、乾硬的米麵食、及根葉蔬菜類。

但依據不同的食材而分成用冷水或熱水加熱至滾的兩種作法。

(一)冷水

適用於醃肉、根莖類、脫水蔬菜、骨頭、豆類。煮醃肉類應從冷水開始煮，才能將肉內過多的鹽分釋出；馬鈴薯或根類蔬菜及豆類應投入冷水加蓋煮，才能煮出食材本身的甜味，否則用熱水煮時，內部熟後表面卻過火導致破裂；脫水蔬菜則使食物吸收水份並軟化表面。

因此凡是煮高湯或清湯所放之食材，應以冷水煮之，防止蛋白質在65℃凝固而造成不易析出食材的營養與味道。

(二)熱水

肉類、家禽類、米麵食、綠色蔬菜須等水沸騰才放入。肉類及家禽類放入高於65℃的滾水中，會將表面蛋白質凝固形成保護層，可保存肉的鮮味；西餐中米的煮法與義大利麵相同，以麵來說，水需為麵的三倍以上的量，加鹽不加蓋，水必須持續滾沸，並不時攪動防止沉底沾鍋，亦不會造成入鍋時溫度下降而使麵條互相沾黏；煮綠色蔬菜時加少許鹽巴，可維持蔬菜的色澤及營養價值，且不可加蓋煮，以免色澤變黃不嫩綠。

根莖類例外的為新品馬鈴薯（New Potato），需用滾水煮才能保存新品馬鈴薯的養分，連皮煮熟後，通常會搭配奶油及椒鹽食用。

魚類不可使用沸煮（Boiling）烹調法，會破壞肉質及組織，應使用低溫煮（Poaching）烹調法。

煮高湯、肉類及骨頭時，可加香料束（法文為bouquet garni，常用月桂葉、百里香、迷迭香或鼠尾草、洋香芹、胡椒粒等香料綁成一束）及調味蔬菜（Mirepoix）同煮，讓食物味道更鮮甜，這種速成高湯烹調方法稱為gourt bouillon；在烹煮過程中，若有浮泡或血渣，應立即撈除不潔物或過多油脂，否則湯會混濁且雜質味

道也會滲入食物裡，影響風味品質。

使用壓力鍋，溫度可以提升至120℃以上，適用於某些較小塊的食物，因為此方法在短時間內容易將食物貫穿，節省烹煮時間；如果太大塊，恐怕當熱傳入食材內部時，食物表面早已過熟。

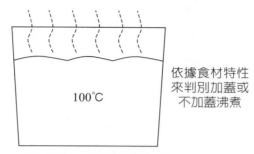

依據食材特性
來判別加蓋或
不加蓋沸煮

100℃

HIGH TEMPERATURE 高溫煮沸

四、蒸 Steaming

在所有烹調中，「蒸」是最能保持食物的顏色、營養、外觀、味道的一種基本烹調法，利用持續煮水沸騰所產生的水蒸氣來使食物熟成；必須等鍋內水蒸氣大量累積才可將食材放入，烹調過程中也必須盡量少開蓋，避免材料表面因水蒸氣遇冷空氣凝結而積水。

其器具是由鍋子內部附加帶孔洞的底盤，及鍋蓋組成的，通常會在內部加水至不超過低盤的量，保持水的滾沸，並不時添加熱水以補充蒸發掉的，將食材放於帶孔底盤上，加蓋蒸熟，加壓蒸鍋溫度可達200℃-220℃（華氏400-425度）。

蒸分為有壓力與無壓力濕蒸，最好的工作壓力是5.5-7 PSI（Pounds per square inch＝磅／平方英寸），溫度高低與食物熟成時間成反比。此烹調法除了能保持食材的原色、養份及完整外觀，並可節省2／3的烹調時間。

此烹調法無液體滾動，雖然不會損害食物形體、味道與顏色改

變，保有食物的原汁原味，但同樣的也會保留食物原有的難聞氣味或腥臭味，不像燒烤油炸可利用焦化增加香氣或水煮可調味滾沸，因此慎選應用食材很重要；較適用於新鮮魚類、甲殼類、穀物、低油脂的肉與家禽類及塊狀蔬菜等，甚至湯類及點心；蒸蛋或布丁時上方應覆蓋一層蠟紙，防止烹調過程中凝水滴進成品裡，導致表面不光滑；在蒸根莖類蔬菜，如馬鈴薯，應使用有孔底盤或容器，避免底部食材積水造成受熱熟成度不均。

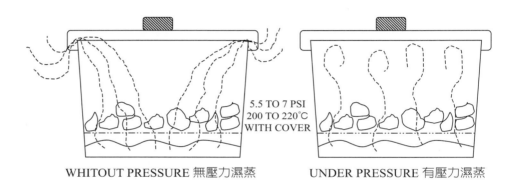

WHITOUT PRESSURE 無壓力濕蒸　　　UNDER PRESSURE 有壓力濕蒸

5.5 TO 7 PSI
200 TO 220℃
WITH COVER

五、燜、熬 Braising 1 for Meat

燜即是食物在固定時間內，經焦化作用後，再用軟化作用的水解方式，徹底破壞結構，使食物和湯汁能夠完全融合。使用對象是大塊狀、帶脂肪的肉類食物。

通常會先將大塊狀食物浸泡在調味汁裡約六小時，使調味汁的味道被食物所吸收，之後將大塊狀食物瀝乾並煎至上色，最後再進行燜煮的動作。

在燜煮的時候，燜煮的湯汁量約為食物的1/4的高度，完成後，這些燜煮的湯汁通常也會拿來作為沙司（sauce）使用。

當燜製完成後，為了使菜餚的色澤更漂亮、更吸引人，燜煮過後還會在做一個上油的動作：首先將燜煮後所剩的醬汁過濾、去除雜

質，之後再用極小火慢慢熬煮濃縮成原來高湯的十分之一左右的量，此時醬汁的顏色會比原本還要深且有光澤。

　　這些濃稠的醬汁稱爲釉汁，除了增添光澤加強視覺效果外，還有提升味覺的功效，釉汁不僅有潤色的效果，因爲醬汁已經過濃縮，所以和牛精粉一樣有調味的作用。

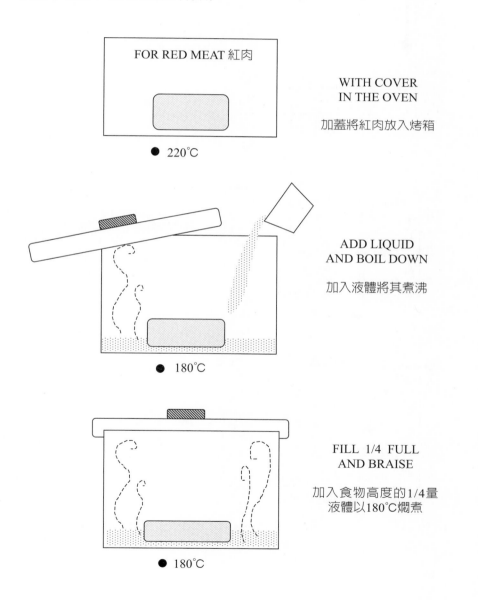

FOR RED MEAT 紅肉

● 220℃

WITH COVER
IN THE OVEN

加蓋將紅肉放入烤箱

ADD LIQUID
AND BOIL DOWN

加入液體將其煮沸

● 180℃

FILL 1/4 FULL
AND BRAISE

加入食物高度的1/4量
液體以180℃燜煮

● 180℃

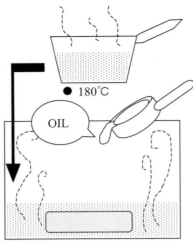

STRAIN STOCK
REMOVE FAT

將高湯的油雜質過濾

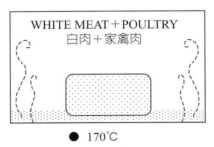

WITH COVER IN THE OVEN
加蓋將白肉或家禽肉放入烤箱
BROWN：
BROWN DEGLAZE，
REDUCE ＋ GLAZE

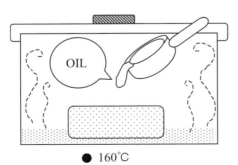

FILL 1/6 FULL ＋
BRAISE GLAZE STRONGLY

加入食物高度的1/6量液體以
160℃熬煮至濃郁
並且隨時淋上油脂

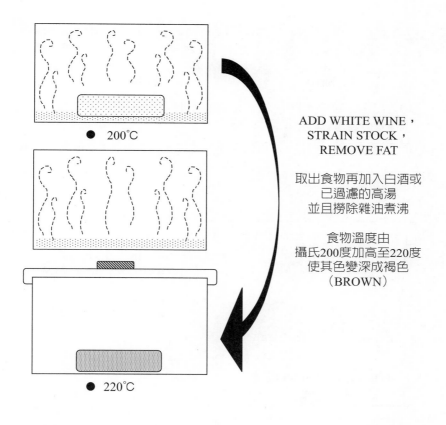

● 200°C

ADD WHITE WINE ,
STRAIN STOCK ,
REMOVE FAT

取出食物再加入白酒或
已過濾的高湯
並且撈除雜油煮沸

食物溫度由
攝氏200度加高至220度
使其色變深成褐色
（BROWN）

● 220°C

六、燜、熬Braising 2 for Vegetable

　　燜製法同時也適用於某些特定的蔬菜類。不過蔬菜不需先經焦化，僅需稍加翻炒後，與少量的液體並用小火燜煮就好。常用於燜煮的蔬菜有：萵苣（lettuce）、包心菜（cabbage）。

　　燜煮的溫度不要太高，需要持續用低溫，將熱能慢慢送進食物內部，不致於讓食物燒焦。食物接受到熱能後，會將熱能往溫度較低的內部傳送，直到聚集的溫度高於外表，之後溫度會再回流到食物外表。藉由這樣的反覆流動，可使蔬菜的纖維素徹底破壞，進而達到軟化作用的水解效果。

　　以下為燜煮蔬菜、魚類的簡易步驟—

步驟	Braising Vegetable 燜煮蔬菜	Glazing Vegetable 上釉汁於蔬菜中	Braising Fish 燜煮魚類
1	連同其它佐料燉煮一下。	事先經過汆燙。	先將佐料燉煮一下。
2	加入高湯或其它汁液，到達食物高度1/3。	加入少許油或水，並加一點糖。	加入魚高湯及酒（1：1）再煮一下。
3	放進烤箱。	放在爐子上燜煮，最後搖動食物並上釉汁。	放在烤箱裡，偶爾上一層油。

FOR FISH 燜魚

WITH COVER
IN THE OVEN
AT BEGINNING STEW

在一開始加蓋進烤箱燜
後可加入魚高湯及酒燉煮

FOR VEGETABLES 燜蔬菜

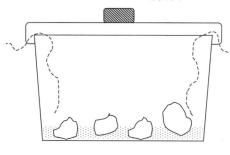

BRAISE UNTIL TENDER
REDUCE THE STOCK

以攝氏160度燜煮蔬菜
直到軟嫩後
將高湯取出

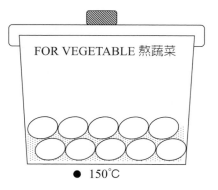

FOR VEGETABLE 熬蔬菜

WITH COVER
ON RANGE
STEW + GLAZE

將蔬菜排好加蓋熬煮

● 150℃

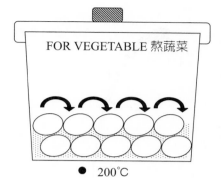

FOR VEGETABLE 熬蔬菜

SHAKE WELL TO COAT
VEGETABLES
WITH A GLAZE

熬煮時搖動蔬菜
使其均勻覆蓋上湯汁

● 200℃

七、燉Poeler

Poele在法文中為平底鍋，Poeler則為動詞，有「用平底鍋烹煮」的意思。其烹調方法是將食物放進鍋子中，開始時先用低溫不加蓋燉煮，之後再用蓋子燉煮，與燜煮不同的地方在於燉煮不會額外添加液體進去，僅利用食物本身油汁持續用低溫（140-160℃）煮，最後取出蓋子，用高一點的溫度（160-180℃）讓食物焦化。使用燉煮的對象主要是禽肉類的動物；預判斷食物是否燉熟，只需將食物拿起尾部朝下，讓油汁流到蓋子上。

在燉煮之前，須要先將食物汆燙過，讓食物裡的雜質或血水等去除，再用乾淨的水去烹調，初步燉煮時要隨時檢查水面上是否有雜質、泡沫，並撈除，因為那些泡沫雜質會影響成品的品質。

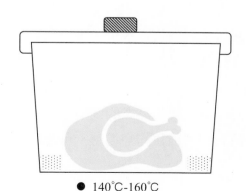

WITH COVER
IN OVEN

利用食物本身油汁
用攝氏140-160度
於烤箱內加蓋燉煮

● 140℃-160℃

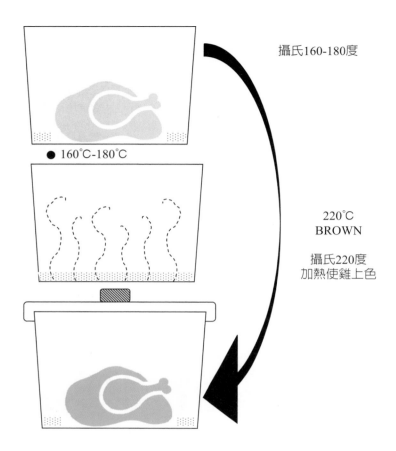

攝氏160-180度

● 160℃-180℃

220℃
BROWN

攝氏220度
加熱使雞上色

八、燴、濕熱法Stewing

　　燴是指先將油倒入鍋中加熱，再把食物加入並蓋上鍋蓋燉煮到熟，過程中最多加一點油滋潤，用低溫（120-140℃）烹煮，使水分不要流失。使用的對象爲魚類、小塊肉片、水果、水分含量較高的蔬菜及蕈類，通常用來燴煮的食材其本身的條件都較差，所以需要比其他烹調方式運用更多方法來提升味道。

　　在燴煮食物時，選用的高湯須要和烹煮的肉類相同，如：燴牛肉時選用牛高湯，不過如果沒有相同種類的高湯時，可選用較溫和的雞高湯或是水來代替。

燴菜的湯汁有點濃稠的原因在於燴煮的過程中會事實的添加麵粉，類似中餐的太白粉勾芡。但在法國料理中，燴菜的醬汁並沒有這麼濃稠，因此在燴煮的時候，少加入麵粉沒有多大的影響。

　　燴菜的重點主要是強調肉汁與醬汁的味道要一致，因此有人認為高湯的味道不可以太過強烈，怕會蓋過肉汁本身的味道，所以若是高湯太濃時，需加些水稀釋。除了用高湯來燴煮外，也可以用葡萄酒。通常是紅酒燴紅肉，不過白酒也可以，而白肉礙於顏色的關係，僅能選用白酒燴煮；而燴菜的顏色為白色的原因是在湯汁中添加鮮奶油或牛奶所致。

　　燴菜的湯汁用量原則上是要蓋過食物的高度，再用小火慢慢燉煮，這樣可以減少過多的湯汁流失，但白燴菜的水分會比紅燴菜的水分還要少一點，所以在製作的時候要注意湯汁的用量。

第二節　乾熱法

　　烹調時不加水及液體，成品乾、香、脆。

一、炸Deep Fat Frying

　　利用足以淹蓋過食物表面的油量，加熱至160℃-180℃（華氏320-355度）間，再將食材放入熱油進行焦化作用炸熟的烹調方法即為「深油炸」（Deep Fat Frying）；大多用於處理大量食材，可減少準備時間，在短時間內完成一道菜。壓力炸（Pressure Frying）則是使用密閉式壓力鍋，過程中食物散發的水蒸氣無法排出而形成壓力，提高油炸溫度能維持在200℃以上，並縮短油炸時間及節省能源，可使食物保留比一般油炸多50%的水分，更來的香酥多汁。較適合油炸的食材為蔬菜、馬鈴薯、家禽類、魚肉、甜點。

(一)使用油炸製備食物時，需要注意下列四點：

1. 進炸鍋前，須先將食物的水瀝乾，避免油脂酸敗及油爆導致燙傷。

2. 避免油炸過鹹的食物，因鹽會破壞油脂，加速油的分解產生變化酸敗。

3. 油炸時，需等油溫上升至160℃以上，並分次放入食物炸，否則一次投入太多會降低油溫，導致食物吸收過多油脂不酥脆，影響品質。

4. 油炸過程中應隨時將油渣雜質撈除，避免因殘屑炭化而產生苦味。

(二)食物炸好取出後應注意之事項：

1. 油炸完之成品，先以漏杓撈出稍瀝乾油份，再置於廚房紙巾上吸除多餘的油份，且不可蓋住或密封。

2. 每次油炸過後，須過濾並徹底清除油渣及殘留物，以保持油質乾淨。

3. 將油罐蓋好貯存於乾冷陰暗處，以避免空氣及光線破壞其成分造成腐敗。

4. 檢查炸油還能否繼續使用，並避免於腐敗油中添加新油。

選購炸油應以發煙點高、耐高溫油炸為考量，因此植物油會比動物油、橄欖油、奶油等高脂肪來得適合。如何分辨炸油已不能再利用，倘若快速冒白煙、泡沫大量出現無法消散、油色變深黑，容易產生有毒膠狀物質，則不宜再使用。欲消除油脂異味，可在過濾殘渣後利用澱粉類，如剩飯、馬鈴薯皮等食材，放入油鍋內慢慢加熱，可吸附炸油中的浮渣及異味。

清洗不鏽鋼製油炸鍋及自動調溫器時，禁止使用鋼刷等堅硬器具刮洗，否則傷及特殊防鏽處理之鍋具表面易孳生細菌，造成油汙染。

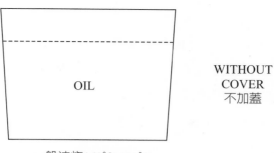

OIL

WITHOUT
COVER
不加蓋

一般油炸160℃-180℃

二、煎Sauting

西餐的煎亦涵蓋了中式烹調所認知的炒（Pan Frying）。

煎（Sauting）的原則為將煎鍋燒熱倒入油，加熱至160℃-240℃（華氏290-410度），放入處理好並已調味的魚、肉類，較佳的表面先煎，在食物尚未焦化前應避免翻動，否則會影響食物表面的美觀，翻動過程中，切勿以尖銳物刺進食物表面造成肉汁流失，待表面均勻上色後，立即取出瀝乾油份及汁液，而鍋內的液體可作為菜餚的Sauce淋上。法文Saute的原意是使食物在鍋內翻滾、跳躍。

此烹調法適用於品質佳、肉質嫩的家禽類（Poultry）、魚排（Fish）、肉片（Cutlet／Finely sliced meat）、牛排（Steak）、沙朗（Sirloin）、菲力尖端（Tenderloin tip）、蔬菜類（Potato／Vegetable）。新鮮魚類因組織鬆散，因此在油煎前可在食物表面拍上薄薄的粉衣，效果會較佳。

油煎最主要的目的為使食物能有酥脆的表面及多汁的內部組織。煎是種瞬間高溫加熱，封住（Seal）表皮與肉汁、防止油脂過多滲入的烹調方式，固烹調時間不得過長，否則碳化會產生苦味。

因此食材的厚度除了紅肉及可生食的魚肉外，其餘皆以三公分以下為原則，尤其白肉類若未熟透食用後恐造成中毒；若食物厚度超過三公分，為避免過度焦化，油煎後放入烤箱至所需的熟度及口感即

可。

　　炒（Pan-Frying）講求的是鍋要熱、動作要快、時間要短三要點，呈現鮮嫩多汁的狀態，一般將材料切成體積相同的形狀，使受熱程度均勻，烹調後的口感與熟度才能一致。

　　・快速沙司（Quick Sauce）的原則

1.熱鍋倒油加熱。

2.放入食物，並搖動煎鍋保持其翻動不焦化。

3.加調味料及佐料。

4.取出食物至熱處備用。

5.將牛油或奶油油脂放入煎鍋。

6.加入酒及褐色高湯（Brown Stock），將其燒開（Boil）。

7.再放入備用食物混合均勻，但避免滾沸。

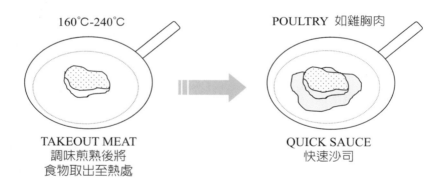

160°C-240°C　　　　　　　　　　POULTRY 如雞胸肉

TAKEOUT MEAT
調味煎熟後將
食物取出至熱處

QUICK SAUCE
快速沙司

三、燒烤Broiling / Grilling

　　此方法烹調的食物多半是肉質較厚的肉類或是肉質較結實的海鮮為主，其特色是可以利用烤架烙出格紋圖案。紅肉與白肉的燒烤方式有些不同，紅肉的部分以五分熟為佳，所以厚度用厚一點（約1.5公分左右）來烹調比較好，以免一下子就烤過熟；至於白肉的部分因為需要熟食，所以可以切薄一點（約1公分左右）。

燒烤時，需要將食物經過醃漬浸泡、塗上佐料或用鋁箔紙包裹，放在烤架或鐵板上，熱源主要為下火，可利用木炭、電或瓦斯等燃料來燒烤，起始溫度在220℃-250℃，先將食物表面的毛細孔用高溫封閉，再慢慢降溫至150℃-200℃燒烤。根據食物的種類與形式來變換不同烤溫，而體積越厚、越大的食物需用越低的溫度慢慢烤，否則造成外熟內生的狀態。

　　注意，當木炭被油滴到時，其食物不應在其木炭所生的火上繼續進行燒烤的動作，因為被油滴到的木炭經過燃燒後，會產生火屑及煙霧，使食物產生苦味，且對人的身體有害，因此在做燒烤時，建議先將附著在肉上的脂肪去除，留下一部分足以保護瘦肉邊緣的油脂即可。

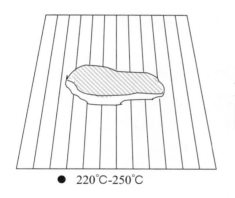

WITHOUT
COVER
AT BEGINNING

剛開始時不加蓋
熱源集中在底部

● 220℃-250℃

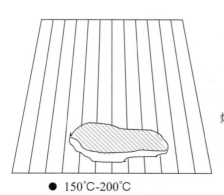

AFTER
SEARING

燒烤後爐溫轉小
將肉移至兩旁

● 150℃-200℃

四、上火烤／焗烤Gratinating

Gratinate一詞是從法文的焗烤菜Gratin所演變而來，將菜餚表面覆蓋上一層有油脂成分的製品或混合著奶油、乳酪或蛋，並將菜餚送至烤箱始表面上色，形成一層硬皮。

烘烤的溫度約在250-300℃左右，但若要和裡面的食物一起烤熟的話，需要稍微調降一下溫度；一般來說焗烤物裡的東西都已事先料理好，因為焗烤的目的是將上層的覆蓋物烤上色，除非裡面的菜餚厚度較薄，否則等到裡面烤熟後表面的外皮也焦黑了。

焗烤依其烘烤方式可分為「開放式烤箱」與「密閉式烤箱」，兩種：

(一)開放式焗烤：開放式焗烤所使用的爐烤是明火烤箱（salamander）。烘烤的方式就是將已烹調好的菜餚上灑些乳酪絲或是麵包屑，再將其送至烤箱下方使之上色。

(二)密閉式焗烤：密閉式烤法的使用烤爐即指一般烤箱，其焗烤物多半已是半成品狀態。有時候會事先將焗烤物放入奶油醬（bechmal）均勻混合後，再進入烤箱烘烤，直到要出爐前在灑上麵包屑或是乳酪絲，並推回烤箱烤至上色。

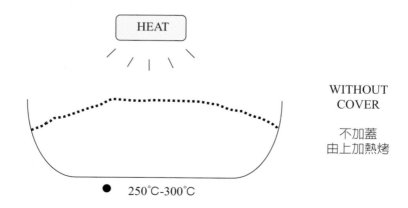

五、烘烤Baking

　　烘烤是將東西放入烤箱裡加熱，烘烤的過程中不需要加水或加油，而是直接利用烤箱內的乾熱空氣將食物烤熟；一般烤箱的爐內溫度設定在140-250℃，但若使用對流式烤箱時，需要將溫度調高一點，不過溫度的設定及烘烤時間的長短還是需要看食物本身來決定。

　　使用一般烤箱時，因為是透過輻射加溫，故放進兩個烤盤以上會使烘烤的食物受熱不均；而對流式烤箱的熱源供應是採熱對流的方式，所以可以多放幾個烤盤一起烘烤，且不會有受熱不均的問題。

　　基本上烘烤的對象都是麵糊或是麵團等烘焙食品，而使用烘烤方式的食物也都會伴隨麵團，不過食物本身都是經過烹調的半成品（如：酥皮濃湯），因此不用擔心烘烤時間過短。

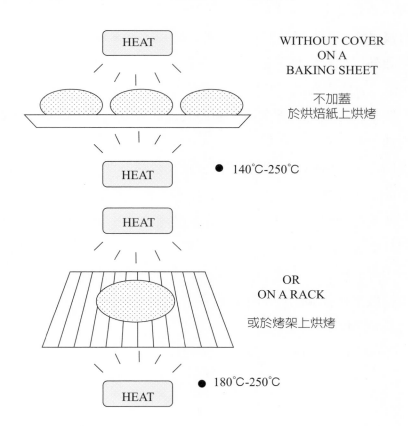

HEAT

WITHOUT COVER
ON A
BAKING SHEET

不加蓋
於烘焙紙上烘烤

HEAT

● 140℃-250℃

HEAT

OR
ON A RACK

或於烤架上烘烤

● 180℃-250℃

HEAT

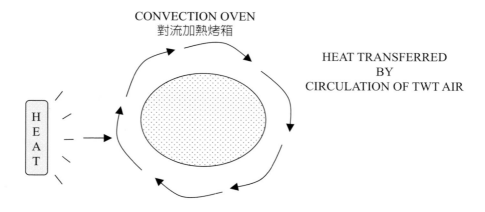

CONVECTION OVEN
對流加熱烤箱

HEAT TRANSFERRED
BY
CIRCULATION OF TWT AIR

HEAT

六、爐烤Roasting

　　爐烤主要是將食物放進烤爐內進行加熱的動作，使用對象是大塊狀的魚、肉類爲主；在使用時，預熱烤箱的溫度要高一點，使肉的表面蛋白質迅速凝固，已達到留住肉汁的效用，通常爐溫設定在220℃左右，其預熱時間約爲15分鐘；將要烤的東西放入烤爐後要是時的調降溫度，以免食物表面過度焦化，甚至炭化到不能食用的地步。

　　一般來說，爐烤時都會將有脂肪的那面朝上，因爲脂肪受熱會融化，使油脂滲入肉中，不過不要留太多脂肪，只要保留約0.5公分厚左右的脂肪即可，否則過多的脂肪也會延長烘烤時間；處理下來的肥肉可以適量的覆蓋在瘦肉身上，使肉的口感不會過於乾澀。

　　在使用鐵叉烤肉時，爲了使肉能受熱均勻，盡量將肉綁成圓形狀，同時切面也會比較好看。另外，要注意烤完成後，從爐內取出算起，過十五分鐘之後才能切割，其目的是讓這段時間使食物外層較高的溫度擴散至較低溫的內部，以封住肉汁的流動，也讓外層的肉汁不會在切割的過程中流失。

　　以下爲食物溫度比較及用針刺辨別的方法：

熱的溫度	肉汁的顏色	食物的溫度
Rare	深紅色	攝氏50度 / 華氏120度
Medium-Rare	鮮紅色	攝氏55度 / 華氏130度
Medium	粉紅色	攝氏60度 / 華氏140度
Well Done Red Meat	清淺色	攝氏70度 / 華氏160度
Well Done Veal	清淺色	攝氏75度 / 華氏165度
Well Done Park Poultry	清淺色	攝氏80度 / 華氏175度

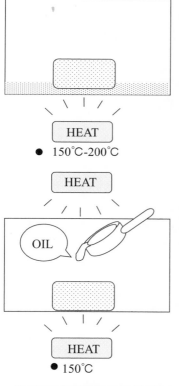

IN THE OVEN / ON THE SPIT
WITHOUT COVER
不加蓋在烤箱 / 在鐵叉上烤

* SEARING METHOD：
LOW TEMPERATURE METHOD
USE INITIAL TEMPERATURE
AND BOTTOM HEAT ONLY
* 燒烤方法：
初始溫度為低溫
熱源只在底部加熱

CONTINUE WITH
SAME TEMPERATURE
AFTER SEARING
REDUCE TEMPERATURE
TO 150°C ＋ BASTE

維持相同的溫度
直到煮熟為止
須時常灑上油脂並
降溫至攝氏150度

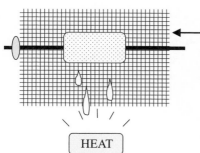

ON THE SPIT / BBQ
於烤肉鐵架上烤 / 烤肉

INITIALLY 250°C-280°C
起始溫度攝氏250-280度

LATER ON 150°C-250°C
隨後改為攝氏150-250度

第四章

設　備

工欲善其事，必先利其器，了解每種廚具的特性才能有效利用每項器具以增加製程的效率，本章在這裡將為各位常見的廚房器具及使用方法。

第一節　選購設備注意事項

挑選機器設備時，要選用以下幾樣特點：

一、持久耐用：材質堅固、抗壓、不變形

二、方便清理：清洗快速、維修容易。

三、線條簡單：易於空間利用、提高動線流暢、方便清洗整理

四、抗腐蝕性材質：如不鏽鋼廚具，避免廚具生鏽導致食物汙染、塌陷。

五、無毒無味：禁止使用鎘金屬或塑膠材質的有毒物品製造。金屬遇熱後會產生毒素，改變本身氣味、汙染食物造成食物中毒。

六、耐磨損：接觸食品的桌面材質堅硬平滑、抗壓耐磨損且無縫隙的材質，避免藏污納垢及操作傷害。

第二節　秤量

一、度量器具

(一)標準量匙

標準量匙的材質可分為不鏽鋼和壓克力兩種。基本上標準量匙一組為四支分為大匙、小匙、1/2小匙、1/4小匙四種。主要使用對象為粉末類、顆粒類、一般液態、濃度較高的液態等。

(二)標準量杯

標準量杯的材質有不鏽鋼、白鐵、壓克力三種，外形不一，有帶握把的圓柱體狀、帶握把的圓錐體狀與試管狀等多種造型，但主要還是以內容量多少來區分（可分為250cc與500cc）。標準量杯量秤對象主要以一般液態類為主。

表4-1　度量器具

種類	使用方式
溫度計	測量食物內部溫度用
公秤制	秤取食物重量用
量杯	量取液態類食物
量匙	量取少量調味料用

第三節　室溫調節設備

廚房內要做好恆溫控制才可以維持食品的品質，但也需要長期地清潔維護與保養。為延長使用壽命，平常都要做好檢查的工作，每天工作前要先檢查這些設備的溫度是否正常、電源有無遭到切斷，如有問題發生，應馬上立即查明原因並補救。

一般溫度調節的設備都會附有過濾網，定期地將濾網拆卸清洗保養後，才能提供穩定的溫度。低溫調節設備在長期使用下，難免會結霜，在除霜時採自然降溫的方式讓霜溶解，切忌使用利器刮除，使控溫管損壞。

使用冰箱時，盡量減少冰箱開啟次數，讓櫃內保持恆溫。溫熱的菜餚也先放涼後再放入冰箱保存，以免增加冰箱的負荷及影響其餘食物的存放。

一、冷氣機

降低室內平均溫度並淨化空氣。

二、中央空調

降低室內平均溫度並淨化空氣品質，可供應整棟樓層冷氣，藉由統一的操作、控溫，也可以降低維修、保養及管理的費用。

三、抽風機

和室內空氣產生對流並排出熱氣達到降溫目的，但僅局限於室外氣溫低於室內氣溫。

第四節　儲存設備

一、乾料庫房

乾料庫房主要是儲藏乾燥的食品物料，其衛生管理事項如下：

㈠物料應分開包裝儲藏且庫內應保持涼爽通風。

㈡採光良好並有防止病媒侵入之設施。

二、冷藏庫

設置冷凍設備的目的，主要是延長食物的保存期限，溫度控制和防止二次汙染為冷藏或冷凍室衛生管理的主要項目。

㈠注意事項

1.冷藏溫度應保持在7℃以下，冷凍溫度應在-18℃以下。

2.室內物品須排列整齊，裝置容量不可超過70%，讓冷氣充分循環。

3.盡量減少開門次數和時間，定期除霜，保持冷凍（藏）溫度。

4.遠離熱源。

5.定期清洗和消毒（200ppm的氯水），確保冷凍（藏）室的清潔。

6.蔬菜、水果、水產、畜產原料或製品，應分別加以適當包裹，以避免交互汙染。

7.熟食品應先以容器分裝後密封，再放入冷凍藏室。

8.內部應設有棚架，食物不得相疊置放，以避免汙染。

9.不可放置其他物品。

三、冷藏、冷凍調節

㈠推入式冷藏、冷凍：為了方便大批的冷藏食物進出。此類冷藏櫃內另設置有活動式「層架車」，以便製作外燴活動。

㈡桌台式：為節省空間及方便性，冷藏設備被安置於工作台下方。

㈢上開是冷凍櫃：製造冰塊的機器，產速有一定限制，若需要大量冰塊時，可能需要在前一天就做庫存的準備。

第五節　烘烤

一、瓦斯烤箱

升溫快速、經濟實惠且危險性高，因此使用時要注意空氣是否流通、瓦斯是否外洩。

㈠選購種類：單層、雙層、三層型等。

㈡產品功能：機械式、液晶式、電力式、瓦斯式。

㈢保養方式：乾濕毛巾擦拭。

二、電烤箱──蒸烤兩用箱

升溫緩慢，但安全性高。

(一)選購種類：四層、六層、十層、
二十層型等。

(二)產品功能：機械式、液晶式、電力
式、瓦斯式均可蒸、烤兩用。

(三)保養方式：乾濕毛巾擦拭、機器內
設有自動清洗及噴槍。

三、旋風式烤箱

傳統的電烤箱中加裝電風扇，使烘烤的色澤較平均。

四、焗烤爐（明火烤箱）

熱源來自上方的導熱管，主
要功能為將上面食物表面烤上均
勻的金黃色澤，也分電能和瓦斯
能兩種。

(一)選購種類：單層、輸送型
等。

(二)產品功能：機械式、電力式。

(三)保養方式：乾濕毛巾擦拭。

五、燒烤箱

可分為瓦斯燒烤及新式的電能燒烤爐是將瓦斯導管所發出的火燄
燒在火山岩上，透過聚足熱能的火山岩將爐台上的食物烤熟。使用這
種烤爐有個缺點，就是在烤的時候，食物的油脂會滴在爐台上，引起

衛生上的顧慮；為防止這情形惡化，每天都要做好清潔保養的工作，並且每星期徹底清潔一次火山岩。而電能燒烤爐則由一塊完整的齒溝狀鐵板及電熱盤所組成，為了方便排油，因此刻意將鐵板設計的角度略微傾斜，故和瓦斯燒烤爐比起來比較乾淨、清潔。

(一)選購種類：上火式、下火式等。

(二)產品功能：瓦斯型、電力式。

(三)保養方式：乾濕毛巾擦拭。

六、微波爐

具有食物解凍、加熱、烹調等多重功能，操作簡單、便利且省時省工，因此餐廳廚房使用的情形也很普遍。

第六節　烹調設備

一、西式烹調爐（平台式瓦斯、電熱爐附烤箱）

平台式瓦斯、電熱爐附烤箱，是西式廚房中必備的廚具，依餐食製作的量，可分為雙口爐、三口爐及四口爐等形式。但平台式瓦斯的能源成本較低，因此在廚房中的占有率，遠高於平台式電熱爐附烤箱。

(一)選購種類：四口式日式爐心、蓮花爐心等下附烤箱。

(二)產品功能：瓦斯型。

(三)保養方式：常清理爐心、乾濕毛巾擦拭。

二、煎板爐（平面煎板台）

平面板煎台是利用熱能（瓦斯、電能）直接加熱鑄鐵鐵板，使之聚集高熱後煎熟食物。可以大量煎、炒製備食材，但需要每天確實清潔保養，否則鐵板將容易生鏽。常見於日式料理的鐵板燒就是一種典型的平面煎板台。

(一)選購種類：長45、60、75、90、120、150鑄鐵鐵板等下附有無烤箱。

(二)產品功能：瓦斯型、電力型。

(三)保養方式：常清理爐管、乾濕毛巾擦拭。

三、單口瓦斯快速爐

一般在針對西餐爐台做設計時，都不會考量到大火快炒的動作，因此爐台的火燄都很溫和，但為了應付臨時的狀況，使用快速爐就能從容解決困擾。單口瓦斯快速爐的火焰強大、危險性高，常用來煮麵及製作高湯。

四、油炸機

由油炸機、油炸網、加熱器、油溫調節器、洩油管等部分所組成，優點在於採自動控溫，設定溫度後若油溫下降，加熱燈會自動亮起並進行加熱動作。

(一)選購種類：8、15、18、23、40公升單油槽、雙油槽等。

(二)產品功能：瓦斯型、電力型。

(三)保養方式：常清理爐管、乾濕毛巾擦拭。

五、蒸汽鍋爐

(一)選購種類：250、300、450、500、750公斤直立式、1000、1500公斤臥式等。

(二)產品功能：瓦斯型、電力型、燃煤型製造蒸汽。

(三)保養方式：定期清理爐心、軟水系統加粗鹽、乾濕毛巾擦拭。

六、保溫櫃

主要用途就是將餐盤的溫度提高。其熱源來自於電能，且有一個溫度調節開關。

(一)選購種類：6、8、10盤等。

(二)產品功能：電力型。

(三)保養方式：乾濕毛巾擦拭。

七、紅外線電磁爐

雖然紅外線電磁爐升溫快、安全性高、操作便利，但價格昂貴，所以無法廣泛地為民眾所接受。

(一)選購種類：單口、雙口、三口電熱爐等。

(二)產品功能：機械型、液晶型、電力型。

(三)保養方式：乾濕毛巾擦拭。

八、排油煙機

排油煙機是不可或缺的機器之一，若廚房少了排油煙機，環境及食物衛生的品質與機器的運轉都會出問題。目前所生產的專業排油煙

機，已具有自動滅火及自動清洗油垢的功用，可說相當方便。

第七節　食物調理設備

一、食物研磨機

藉由高速旋轉，將食物原料切割成條狀、絲狀、片狀及糜狀，特別是製作冷肉派（terrin）時，更是不可缺少的機器。

(一)選購種類：細切、研磨、刨絲等。

(二)產品功能：電力型。

(三)保養方式：常清理刀器、乾濕毛巾擦拭。

二、榨汁機

藉由一個高速旋轉的鑽頭，將球型水果的汁液榨出。

(一)選購種類：手動、自動擠壓型等。

(二)產品功能：電力型。

(三)保養方式：常清理刀器、乾濕毛巾擦拭。

三、自動切片機

切片機解決了大部分切菜的困擾，切出的產品精準度高、刀工細且形體一致。在切割肉類時，最好是將肉類先冷凍，才比較好操作。

(一)選購種類：冷凍肉手動、自動切

片型等。

(二)產品功能：電力型。

(三)保養方式：常清理刀器、乾濕毛巾擦拭。

四、濃湯研磨機

主要是將濃湯中的食材打碎，使得濃湯喝起來的口感柔順、無顆粒且又有食材的原味。

五、果汁機

和榨汁機的功能差不多，不過通常都事先將果肉切成小塊狀，再加入適量的液體，以促使果汁機運轉。

第八節　洗滌設備

一、水槽

一般多為清洗量多的蔬菜所設置。

(一)單槽

1.選購種類：單槽、雙槽、三槽等有無後牆、下層板、下棚板，不鏽鋼鋼板製。

2.產品功能：洗滌用。

3.保養方式：乾濕毛巾擦拭。

(二)雙槽

1.選購種類：單槽、雙槽、三槽等有無後牆、下層板、下棚板，不鏽鋼鋼板製。

2.產品功能：洗滌用。

3.保養方式：乾濕毛巾擦拭。

㈢三槽

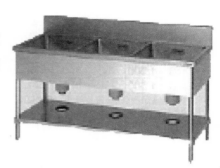

1.選購種類：單槽、雙槽、三槽
　等有無後牆、下層板、下棚
　板，不鏽鋼鋼板製。
2.產品功能：洗滌用。
3.保養方式：乾濕毛巾擦拭。

二、洗碗機

㈠自動洗碗機

是一套整組的機器，內含噴水
槍、廚餘槽、輸送履帶、高溫
清洗機、烘乾機及杯盤存放架
等，工作人員只須將菜渣、油
漬沖洗清潔即可，唯一的缺點
是它的體積龐大，不適用於中
小型的廚房。

1.選購種類：單槽型、雙槽型、三槽型、插盤式、拉籃式等。
2.產品功能：電力型、蒸汽型。
3.保養方式：常清理槽體、乾濕毛巾擦拭。

第五章

醬 汁

醬汁是調製出來的液體佐料，增加肉類、魚類、甜點的味道、營養及美觀，它不能壓倒原來菜式的味道。將它澆淋於食物時，要有適當的濃度。傳統的料理醬汁是淋上食物上；美國人因以右手持叉來吃肉，習慣將醬汁置於食物的右邊；歐洲人則習慣以左手持叉來吃肉，因此將醬汁置於食物的左邊。

醬汁的澆淋方式有的放於食物下方，有的淋於食物上方或沿食物淋於四周，如果醬汁很濃則可以大點到小點滴在餐盤上。

第一節　醬汁的材料

醬汁的材料要有好的高湯、調稠劑，現介紹如下

一、高湯

醬汁所用的高湯可由雞骨、豬骨、牛骨、鴨骨、龍蝦殼、蔬菜等熬煮出來，使用時各類骨頭須汆燙滾水，除去污物，製作出來的高湯才會澄清。

二、調稠劑

作為醬汁的調稠劑有油糊、蛋黃、鮮奶油、奶油、鴨肝、白乳酪。

(一)油糊：將奶油在鍋中溶化加入麵粉炒香，再慢慢和入高湯使湯變稠。

(二)蛋黃：由於蛋黃含有卵磷脂，當油糊中的油、麵粉、高湯無法完全充分融合時，加入蛋黃可使它們均勻的混合。

(三)鮮奶油：調醬汁時，如果要經濃縮步驟時，須使用乳脂肪占12-30%淡鮮奶油，如果鮮奶在最後階段才加入時則用乳脂肪在

30%以上的濃鮮奶油。

㈣奶油：醬汁在調製完成前，常須加入少量乳脂肪含82%的奶油，使產品具有光亮度，但奶油中以無鹽爲佳，如果加入含鹽的奶油，醬汁中的鹽量宜減少。

㈤鴨肝：將三分之二的熟鴨肝及三分之一的鮮奶油用攪拌器攪拌混勻，待醬汁加熱後先離火，再加入。

㈥白乳酪：製作冷醬汁將它當調稠劑，用於熱醬汁則必須離火後才加入，並不斷攪拌，再過濾。

第二節　醬汁的種類

一、比查美醬汁（Bechamel sauce）

比查美醬汁爲義大利的白醬，鍋中放奶油以切碎洋蔥炒香，加麵粉溶化，放月桂葉，加高湯，混勻煮稠，取出月桂葉，加入高純度奶油（UTH cream）、鹽、胡椒粉，加少量奶油在醬汁上。

㈠小量醬汁（Small sauce）

1.鮮奶油醬汁（cream sauce）

鍋中放奶油，放麵粉（麵粉與奶油以1比1之比例），加入高湯、月桂葉煮滾，再以鹽、胡椒粉調味，爲基本醬汁，可作爲玉米濃湯調稠之用。

2.乳酪醬汁（Mornay sauce）

以比查美醬汁變化，內加莫札拉乳酪（Mozzralla cheess）、艾美卡拉乳酪（Emitala cheess），加高純度奶油（UTH cream）用於海鮮，加白蘭地或威士忌酒，以明火上色。

3.切達起司醬汁（Cheddar Cheess）

　以切達乳酪（Cheddar Cheess）為起司之材料，做法類似比查美醬汁。

4.芥末醬汁（Mustard）

　以比查美醬汁為基底，加入芥末、菜籽醬，為黃色醬加鹽、胡椒粉，用於海鮮。

5.洋蔥醬汁（Soubise）

　以洋蔥炒香，加入白酒、月桂葉、加比查美醬及高純度奶油（UHT cream）調和。

6.番茄洋蔥（Tomata Soubise）

　橄欖油炒香番茄丁、洋蔥丁、蒜末，加月桂葉、高純度奶油（UTH cream），加比查美醬汁，供應時上放切碎巴西利。

7.蝦子、小龍蝦（Nantua）

　橄欖油炒香蝦子、小龍蝦，加蔬菜、麵粉、番茄糊、魚高湯、月桂葉，煮滾過濾，供應前加高純度奶油（UTH cream）。

(二)牛、雞或魚醬汁（Veloute sacuce）

　即牛、雞、魚高湯，用牛骨加蔬菜熬煮12小時，雞湯加蔬菜熬6小時，魚骨加蔬菜熬2小時。

(三)白酒醬汁（White Wine Sauce）

　用澄清奶油加洋蔥炒香，加月桂葉、白酒，加入魚高湯，起鍋加入高純度奶油（UTH cream），胡椒、鹽調味。

(四)高級醬汁（Supereme Sauce）：澄清奶油加麵粉炒香，加碎洋蔥、大蒜，加白酒、濃縮高湯熬煮過濾，加45%高純度奶油（UTH cream），以胡椒粉、鹽調味。

(五)土風舞醬汁（Allemande）

　以小洋蔥、紅蘿蔔、朝鮮筍炒香，加入濃縮醬汁。

二、褐醬汁（Brown Sauce）

以洋蔥、芹菜、紅蘿蔔、番茄、蒜苗、牛骨、雞骨烤焦，加入麵粉、番茄糊，入百里香、月桂葉烤醬，加入高湯煮稠。

(一)波多雷斯紅酒醬汁（Bordelaise Sauce）：以澄清奶油、紅蔥頭炒香，加入波多雷斯紅酒及濃縮醬汁。

(二)酒商紅酒醬汁（Marchand de Vin-Wine Merchant）：以澄清奶油、紅蔥頭炒香，加入酒商紅酒及濃縮醬汁。

(三)羅伯醬汁（Robert Sauce）：以澄清奶油、紅蔥頭炒香，加入紅酒及濃縮醬汁，拌入新鮮奶油，以巴西利做裝飾。

(四)醃黃瓜醬汁（Charcutiere）：以糖、鹽、醋燒開，加入芥末子、茴香冷卻後放入黃瓜醃。

(五)獵人醬汁（Chasseur）：以澄清奶油炒洋蔥，加入大蒜屑、牛番茄丁、洋菇，加入白酒，上放巴西利屑。

(六)魔鬼醬汁（Diable-Deriled）：以澄清奶油炒紅蔥頭，加入洋蔥、黑胡椒粒，加入紅酒、濃縮醬汁。

(七)義大利醬汁（Italiam Sauce）：以橄欖油炒洋蔥、紅蘿蔔、芹菜、大蒜，加入絞肉放番茄丁、番茄糊及香料如百里香、奧利岡用紅酒蒸香，加高湯煮稠。

(八)蘑菇醬汁（Mushroom Sauce）：以澄清奶油炒香洋菇丁，加入紅酒，濃縮奶油，再調味。

三、番茄醬汁（Tomato Sauce）

以橄欖油炒牛番茄丁、洋蔥、大蒜炒香，加入番茄糊，加入奧利岡、九層塔，高湯煮2小時。

(一)葡萄牙醬汁（Portugaise）：以橄欖油炒洋蔥、大蒜、黑橄欖、牛番茄丁，加入紅酒蒸香，加入褐色醬汁。

(二)西班牙醬汁（Spanish）：以橄欖油炒風乾火腿、洋蔥、洋菇、大蒜，加入褐色醬汁。

(三)法義蔬菜醬汁（Creole）：以橄欖油炒大蒜、洋蔥、番茄，加入鼠尾草、月桂葉、高湯，煮至濃縮。

四、奶油醬汁（Butter Sauce）

以澄清奶油炒香麵粉，加入高湯混合以鮮奶油、胡椒、鹽調味。

(一)芫荽檸檬複合奶油（Maitre & Hotel Butter）

以切碎香菜、切碎檸檬皮、切碎凱莉茴香、切碎胡椒、切碎辣椒、切碎大蒜、切碎紅蔥頭、檸檬汁加入融化的奶油拌入，放保鮮膜，再捲起，烤海鮮時切小塊放上再焗烤。

(二)鯷魚奶油（Anchovy Butter）

切碎鯷魚、切碎大蒜、切碎洋蔥、切碎巴西利、檸檬汁、白蘭地、白胡椒粉、加入融化奶油、鯷魚油，放保鮮膜，再捲起，烤海鮮時切小塊，放於上，再烤之。

(三)蒜味奶油（Garlic Butter）

切碎蒜、碎巴西利、碎洋蔥、匈牙利紅椒粉、黑胡椒碎，加入融化奶油，放入保鮮膜，再捲起，烤吐司、法國麵包，放於上烤之。

(四)鮮蝦奶油（Shrimp Butter）

以奶油蝦殼烤香，炒洋蔥、大蒜、蔬菜、番茄糊加月桂葉、百里香，以滾的狀態，加白酒、白蘭地，滾半小時後再過濾一次放涼，放於小容器，放冰箱，烹調時可加至海鮮。

(五)芥末奶油（Mustard Butter）

以芥末籽加切碎洋蔥、大蒜加奶油混勻，可做炒菜時加入黑胡椒調味，放入保鮮膜，再捲起。

(六)青蔥奶油（Scallion Butter）

以切碎青蔥加胡椒粉、融化奶油、匈牙利胡椒粉，加入融化奶油混勻。

(七)咖哩奶油（Carry Butter）

以咖哩醬加融化奶油，加入香菜調勻。

五、荷蘭醬（Hollandaise Sauce）

以紅蔥頭、黑胡椒粒、月桂葉，用白酒醋煮之，汁液過濾，加入蛋黃打勻，慢慢加入澄清奶油，加檸檬汁、白胡椒粉。

六、烤肉醬（Barbecue Sauce）

以切碎洋蔥、大蒜、辣椒、黑胡椒以橄欖油炒香，加糖，加番茄，番茄糊成焦化狀，加入高湯熬煮，加白酒醋，做烤肉醃料，或肉丸之沾醬。

七、甜酸醬（Sweet & Sour Sauce）

以糖、醋、茄汁混勻。

八、塔塔醬（Tartar Sauce）

以酸黃瓜切碎全蛋（硬煮蛋）、酸豆、巴西利、檸檬汁、酸黃瓜汁、美奶滋混勻。

第三節　醬汁食譜

一、Bechamel醬汁

又稱為比查美醬汁。

1.材料：牛奶2杯、奶油45公克、麵粉30公克、洋蔥絲70公克、月桂葉1
片。

2.調味料：鹽1/4小匙、胡椒粉1/4小匙、荳蔻粉1/4小匙。

3.做法：

　(1)將一半奶油於鍋中融化，加入麵粉炒香。

　(2)另一半奶油炒香洋蔥，加入牛奶、麵粉及調味料，以打蛋器拌勻，煮
稠過濾。

二、鮮奶油醬汁

1.材料：比查美醬1/2杯、鮮奶油1/2杯、雞高湯1/2杯。

2.做法：

　(1)將比查美醬、鮮奶油、雞高湯拌入煮鍋，煮至稠即可。

　(2)此醬汁可搭配雞肉。

三、白醬

1.材料：奶油35公克、麵粉35公克、雞高湯2杯。

2.調味料：鹽1/2杯、胡椒粉1/4小匙。

3.做法：奶油放入煮鍋溶化，加入麵粉炒香，加入高湯和調味料，以打蛋
器攪拌均勻，過濾。

四、白酒奶油醬

1. 材料：白醬1杯、白酒1/3杯、切碎紅蔥頭15公克、鮮奶油1/3杯。
2. 調味料：鹽1/4小匙、胡椒粉1/4小匙、奶油1/2小匙。
3. 做法：
   (1)將奶油放鍋中融化，炒香紅蔥頭，加入白酒、鮮奶油及調味料。
   (2)可搭配魚肉。

五、莫內醬汁

1. 材料：白酒奶油醬1杯、葛利亞起司75公克、帕美森起司粉10公克、蛋黃1個、胡椒粉1/4小匙。
2. 做法：
   (1)白酒奶油醬加入葛利亞起司、帕美森起司粉，煮至起司融化，加入胡椒粉及蛋黃拌勻。
   (2)此醬可配白色魚肉。

六、奶油蘑菇醬

1. 材料：比查美醬1杯、蘑菇（切片）100公克、紅蔥頭（切碎）1大匙、雞高湯1/3杯。
2. 調味料：白酒1小匙、奶油1小匙。
3. 做法：起鍋將奶油放入融化，炒香蘑菇片和切碎紅蔥頭，加入白酒及雞高湯、比查美醬拌勻後過濾。

七、芥末醬

1. 材料：比查美醬1/2杯、蔬菜高湯1大匙、黃芥末醬2大匙。
2. 調味料：鹽1/4小匙、糖1小匙、胡椒粉1/2小匙。
3. 做法：
   (1)將所有醬及調味料拌勻。
   (2)可搭配雞肉、豬肉。

八、百里香醬汁

1. 材料：白醬1/2杯、鮮奶油1/2杯、切碎紅蔥頭1大匙、切碎洋蔥1大匙、百里香2小匙。
2. 調味料：鹽1/2小匙、胡椒粉1/2小匙、白酒2小匙、奶油2小匙。
3. 做法：將奶油放鍋中，炒香紅蔥頭及洋蔥，加入鮮奶油、調味料及百里香，煮至稠再過濾。

九、龍蝦奶油醬

1. 材料：白酒奶油醬1杯、龍蝦高湯2杯、鮮奶油1/2杯。
2. 調味料：鹽1小匙、胡椒粉1/2小匙、白蘭地1小匙。
3. 做法：將所有材料煮稠拌勻。

十、牛肉原汁

1. 材料：牛骨1公斤、切碎洋蔥100公克、切丁西洋芹50公克、切丁紅蘿蔔50公克、蒜苗30公克、牛高湯12杯、番茄糊30公克、月桂葉3片、百里香1/2小匙、迷迭香1/2小匙、麵粉30公克、奶油50公克。

2.做法：

(1)牛骨放入烤箱，以180℃烤至骨頭呈褐色。

(2)熱鍋將奶油炒融化，放入洋蔥炒香，加入西洋芹、紅蘿蔔炒香，加入番茄糊、麵粉炒香。

(3)加入蒜苗、月桂葉、百里香、迷迭香、牛高湯、牛骨，以小火煮3小時，湯只有四分之一。

十一、羅貝特醬汁

1.材料：牛肉原汁1杯、白酒1/2杯、切碎紅蔥頭1大匙、法式芥末醬1大匙、奶油1小匙、鮮奶油1小匙、鹽1/2小匙、胡椒粉1/4小匙。

2.做法：

(1)鍋中將奶油溶化，炒香紅蔥頭，加入白酒煮至一半，加入牛肉原汁及其他材料煮至濃稠。

(2)可配豬肉或牛肉。

十二、蘑菇醬

1.材料：牛肉原汁2杯、蘑菇片150公克、切碎洋蔥2大匙、切碎紅蔥頭1大匙、切碎蒜頭1大匙、紅酒1/4杯。

2.調味料：鹽1/2小匙、胡椒粉1/4小匙、奶油2大匙。

3.做法：

(1)鍋中將奶油融化，炒香洋蔥，紅蔥頭、蒜頭、蘑菇片。

(2)加入紅酒，煮至酒濃縮一半，加入牛肉原汁及調味料。

十三、黑胡椒醬

1. 材料：牛肉原汁2杯、切碎洋蔥50公克、切碎紅蔥頭1大匙、切碎蒜頭1大匙、紅酒1/4杯、奶油1大匙、切碎巴西利1小匙。
2. 調味料：鹽1/2小匙、胡椒粉1/4小匙、黑胡椒粒1小匙。
3. 做法：鍋中加熱奶油，炒香洋蔥、紅蔥頭、蒜頭、黑胡椒料，加入紅酒，至酒濃縮一半，加入牛肉原汁，切碎巴西利和調味料。

十四、獵人醬汁

1. 材料：雞高湯1杯、紅酒1/4杯、蘑菇片50公克、切碎洋蔥1大匙、番茄醬3大匙、乾燥茵陳蒿小匙、切碎巴西利小匙、匈牙利紅椒粉1小匙、奶油1小匙、白蘭地1小匙。
2. 調味料：鹽1/2小匙、胡椒粉1/4小匙。
3. 做法：
   (1)鍋中加熱奶油放入切碎洋蔥炒香，加入蘑菇片及所有材料煮至汁稠，加調味料。
   (2)可配豬肉、牛肉、雞肉。

十五、荷蘭醬

1. 材料：蛋黃2個、澄清奶油1/2杯、白酒醋1/2小匙、白酒2小匙、檸檬汁1小匙、鹽1/2小匙、胡椒小匙。
2. 做法：
   (1)白酒醋、白酒、檸檬汁放入鍋中，以小火煮至1/3量，放冷。
   (2)鍋中放蛋黃，慢慢加入澄清奶油，打至稠，加入煮好的白酒醋及調味料。
   (3)此醬搭配田螺料理。

十六、巴西利醬

1.材料：巴西利3大匙、新鮮百里香2公克、新鮮迷迭香1公克、橄欖油4大匙、鯷魚1小匙、起司粉1小匙。

2.做法：

(1)將所有材料放入果汁機打成醬。

(2)可配牛肉。

十七、青醬

1.材料：九層塔200公克、巴西利100公克、切碎蒜頭4大匙、橄欖油1杯、起司粉5大匙。

2.調味料：鹽1小匙、胡椒粉1/2小匙。

3.做法：

(1)將所有材料放入果汁機攪碎。

(2)可作為炒義大利麵之材料。

十八、紅醬

1.材料：番茄罐頭1杯、奶油1大匙、切碎蒜頭2大匙、巴西利1大匙、月桂葉2片、切碎洋蔥1/2杯、切碎西洋芹2大匙。

2.調味料：鹽1小匙、胡椒粉小匙。

3.做法：熱鍋放入奶油融化，加入切碎蒜頭、洋蔥、西洋芹炒香，加入番茄（罐頭倒出）及其他材料煮至汁稠，加調味料。

十九、白醬

1. 材料：奶油20公克、麵粉2大匙、雞高湯1杯、高純度鮮奶油（UHT奶油）75公克。
2. 調味料：胡椒粉1小匙、鹽小匙。
3. 做法：鍋中融化奶油，炒香麵粉加入雞高湯拌均勻加入高純度鮮奶油、鹽調味。

二十、照燒醬

1. 材料：老薑150公克、米酒2杯、細砂糖1杯、柴魚片125公克、水2杯、麥芽糖2杯、醬油2杯、味醂1/2杯。
2. 做法：老薑拍碎在乾鍋爆香，加入細砂糖炒至焦化，加入米酒蒸香，加水至滾，加醬油、麥芽糖融化，加柴魚片，煮4小時，加入味醂過濾一次，將柴魚片來醃豬排，或將照燒醬來做刷醬。

第六章

湯　類

第一節　湯的種類

依湯的顏色可分為白高湯與褐高湯二種，白高湯就是所用材料不經炒過，直接熬煮而成；褐高湯是將材料炒或烤焦了才來熬煮的高湯。若依濃稠度可分為清湯與濃湯，清湯又分為肉湯、蔬菜湯、澄清湯；濃湯又分為乳脂湯、蔬菜泥湯、海鮮濃湯、巧達湯、法式洋蔥湯、羅宋湯、義大利什錦蔬菜湯。

一、清湯（Clear Soup）

以肉湯加入羊肉、牛肉、豬肉煮開，以小火燉出之清湯。

㈠肉湯（Broth）

以蔬菜、香料、骨頭、筋熬出來的高湯。

㈡蔬菜湯（Vegetable Soup）——材料製作注意事項

以洋蔥、紅蘿蔔、西洋芹、青蒜加上月桂葉、白胡椒粒加水，熬煮出來的湯。

　1.蔬菜米飯湯（Vegetable Rice Soup）：以熬煮出來的蔬菜高湯加入米飯所做出來稍稠的產品。

　2.雞肉蔬菜湯（Chicken Vegetable Rice Soup）：以肉高湯加入蔬菜、雞肉、米熬出的湯。

　3.蔬菜牛肉湯（Vegetable Beef Soup）：以肉湯（broth）加牛肉小火熬出的高湯。

　4.蔬菜牛肉薏仁湯（Vegetable Beef Barley Soup）：以蔬菜牛肉高湯加薏仁熬煮出來。

㈢澄清湯（Consomme）

以肉湯（broth）加入牛肉、雞肉、羊肉，加入蔬菜小丁，以蛋白、冰塊、香料，以大火煮滾，調小火熬煮約1.5-2小時，再過濾。

1. 濃郁澄清湯（Double consomme）：將澄清湯熬煮更久，使湯濃縮成凍狀，再過濾。

2. 雞湯（Chicken consomme）：將洋蔥煎至焦化，加入雞片，加蔬菜丁高溫熬煮，加香料（月桂葉、胡椒粒）加蛋白、冰塊，以大火煮滾，再改小火煮約1.5小時，過濾。

3. 澄清番茄湯（Consomme hadrilene）：以牛番茄加蔬菜、番茄糊、香料（月桂葉）、蔬菜高湯、蛋白、冰塊，先以大火煮滾，改小火煮1.5-2小時，再過濾。

4. 澄清西洋芹湯（Essence of celery consomme）：以西洋芹頭為基底，加蔬菜、香料、蛋白、冰塊，先以大火煮滾，改小火熬煮1.5-2小時，再過濾。

5. 波特澄清湯（Consomme au porto）：洋蔥圈煎成黑色加入波特酒、丁香、蔬菜高湯、蔬菜、蛋白、冰塊，以大火煮滾，改小火熬煮1.5-2小時，過濾，加切碎的西洋香菜及porto酒。

6. 雪莉澄清湯（Consomme au sherry）：洋蔥圈煎黑，加入雪莉酒、蔬菜高湯、蔬菜、蛋白、冰塊，以大火煮滾，改小火熬煮1.5-2小時，過濾，加切碎西洋香菜及雪莉酒。

二、濃湯（Thick soup）

以馬鈴薯為基底或以麵粉或五穀類（薏仁、小麥）為基底，加蔬菜、香料、高湯熬出來，上加麵包丁。

(一)乳脂濃湯（Cream Soup）

以高湯殺菌奶油高純度奶油（UHT cream）變化出來的濃湯。

1. 蘆筍乳脂濃湯（Cream of Asparagus）：以蘆筍、馬鈴薯、月桂葉蔬菜高湯熬煮，放入果汁機打碎，過濾再加高純度奶油（UHT cream）、加鹽、白胡椒粉調味。

2.花椰菜乳脂濃湯（Cream of broccoli）：以一半青花椰菜為基底，加馬鈴薯、月桂葉、蔬菜熬煮，另一半花椰菜打碎，過濾，再加入高純度奶油（UHT cream）、鹽、白胡椒粉調味。

（二）蔬菜泥湯（Purees）

將各種蔬菜（白蘿蔔、紅蘿蔔、洋蔥、馬鈴薯、蒜苗）炒香，加入蔬菜高湯、月桂葉熬煮，再以果汁機拌打，過濾，倒回煮鍋，加鹽、白胡椒粉調味。

1.紅蘿蔔泥湯（Puree carrot soup）：以紅蘿蔔為基底，加入洋蔥末、大蒜末炒香，加入蔬菜高湯，以果汁機拌打、過濾，加熱調味。

2.洋芋青蒜泥湯（Puree of potato and leek soup）：以馬鈴薯、青蒜為基底炒香，加入蔬菜高湯，以果汁機拌打，過濾，加鹽、白胡椒粉調味，冷供應上加麵包丁。

（三）海鮮濃湯（Bisques）

用蝦貝類（如龍蝦、蝦、蟹）之海鮮，鍋中放澄清奶油、洋蔥大蒜、芹菜、紅蘿蔔、牛番茄炒，加放入海鮮炒至熟，加番茄糊，加麵粉、白蘭地、白酒增加香味，海鮮高湯熬煮，以果汁機打勻，過濾，調味，再加白蘭地或海鮮固形物。

1.鮮蝦濃湯（Shrimp bisques）：以鮮蝦為主要材料，加入海鮮濃湯。

2.龍蝦濃湯（Lobster bisques）：以龍蝦為主要材料，加入海鮮濃湯。

（四）巧達湯（Chowders）

以海鮮的原味提出，加入蔬菜丁熬煮，加月桂葉，以辣醬油與辣椒水調味，供應時附上蘇打餅或麵包。

1.洋芋巧達湯（Potato chowders）：以洋芋為基底，加蔬菜丁，

煮馬鈴薯軟，加高純度奶油（UHT cream），供應時附上麵包或蘇打餅。

2. 玉米巧達湯（Corn chowders）：以玉米為基底，加蔬菜丁、玉米粒、奶油玉米罐頭，加高純度奶油（UHT cream），供應時附上麵包或蘇打餅。

3. 新英格蘭蛤蠣巧達湯（New England clam chowders）：用橄欖油炒洋蔥、大蒜，放入蛤蚌炒，加月桂葉加入白酒，加蓋當蛤蚌開口，拿出蛤蚌殼，橄欖油炒培根丁爆香，加紅蘿蔔、洋蔥、芹菜、蒜苗丁，放白酒及魚高湯，出菜時加熱蛤蚌湯放辣醬油及辣椒水調味。

㈤法式洋蔥湯（French onion soup Gratinee）

洋蔥切絲用澄清奶油爆香，炒至洋蔥成金黃色，加切碎大蒜，加麵粉、月桂葉，加入牛肉高湯的激煮至洋蔥軟爛，盛湯碗，加切片法國麵包及切德起司（Cheddar Cheess）再焗烤至上色。

㈥羅宋湯（Borsht）

橄欖油炒牛肉、蔬菜（紅蘿蔔、洋蔥、西洋芹、蒜苗、馬鈴薯、甜菜根）、紅椒粉、月桂葉、白胡椒粉，加牛高湯熬煮，供應時加麵包或大蒜麵包。

㈦義大利什錦蔬菜湯（Wine strone）

以橄欖油爆風乾火腿或培根，加入切片的紅蘿蔔、洋蔥、芹菜、蒜苗、馬鈴薯、大蒜、大蒜末、番茄炒香，加月桂葉、奧利岡、義大利香料，放番茄糊熬煮供應時放麵條加入帕美森起司（Pemenson Cheess）粉。

第二節　湯的基本材料

一、肉塊與骨頭

常用較老的肉或切割下來的骨頭、雞頭、腳、爪等均可用來熬高湯，除了選用新鮮材料洗淨後，經氽燙去雜質，將氽燙的水倒掉，另外加水以小火熬煮。

褐高湯將骨頭或肉放於250℃烤箱烤15分鐘至焦，烤盤上有油滴，再拿來熬煮。

二、調味蔬菜與香料

熬高湯可加入調味蔬菜及香料熬煮，使湯有蔬菜或香料的香味。

一般調味蔬菜有洋蔥、紅蘿蔔、芹菜（葉與莖），也有人用芹菜、洋蔥、紅蘿蔔、洋香菜；製作白高湯有人以白蘿蔔來取代紅蘿蔔，香料束以洋香菜、月桂葉、百里香放小袋。

第三節　基本高湯

基本高湯以雞骨、豬骨、魚骨、牛骨、鴨骨、蝦殼、蔬菜熬煮而成。使用前所有骨頭須氽燙過滾水。

一、雞高湯、豬高湯

1. 材料：雞骨（或豬骨）500公克、紅蘿蔔丁100公克、洋蔥丁75公克、西洋芹30公克、蒜苗30公克、蒜頭10公克、水5杯、香草束（百里香1支、月桂葉1片，巴西利1束）。

2.做法：

　(1)雞骨或豬骨以滾水汆湯，沖冷水。

　(2)將所有材料在鍋中熬煮2小時，過濾。

二、高湯

1.材料：牛骨500公克、洋蔥50公克、西洋芹丁30公克、紅蘿蔔100公克、番茄丁100公克、蒜頭1公克、香草束（百里香1支、月桂葉1片，巴西利1束）。

2.做法：牛骨烤或褐色，將所有材料在鍋中熬煮2小時，過濾。

三、魚高湯

1.材料：魚骨500公克、洋蔥丁50公克、西芹丁40公克、蒜苗30公克、水5杯、白酒50cc、奶油15公克、香草束（百里香1支、月桂葉1片，巴西利1束）、白胡椒粒10粒。

2.做法：魚骨汆湯滾水，沖冷水，將所材料放鍋中以小火熬煮2小時，過濾。

四、蝦高湯

1.材料：蝦殼500公克、洋蔥50公克、西洋芹丁10公克、紅蘿蔔丁30公克、蒜苗10公克、水5杯、紅番茄50公克、番茄糊50公克、蒜頭10公克、香料束（百里香1支、月桂葉1片，巴西利1束）。

2.調味料：茵陳蒿1/2小匙、白蘭地1/2小匙、白酒1/4小匙、鹽1小匙、白胡椒粉1小匙。

3. 做法：將蝦殼烤焦，將番茄糊炒香加入其他材料於煮鍋中，慢火熬煮2小時，過濾。

五、蔬菜高湯

1. 材料：洋蔥丁100公克、西洋芹丁50公克、紅蘿蔔丁100公克、蒜苗50公克、小茴香10公克、紅蔥頭10公克、白酒杯、水5杯、香草束（百里香1支、月桂葉1片，巴西利1束）。
2. 做法：將所有材料放入煮鍋中熬煮2小時後過濾。

第四節　湯的製作

高湯的熬煮有一定的程序：

一、從冷水煮起：所有材料用滾水汆燙，放入冷水，由冷水開始煮起。

二、慢火熬煮：待湯滾減低火力以小火熬煮，隨時將浮渣撈出。

三、隨時撈掉浮渣與浮油：在製作高湯的過程，隨時撈起湯面之雜物。

四、視材料熬煮時間長短不一：牛骨熬煮4-6小時，雞骨2小時，魚骨30分，蔬菜40-45分鐘。

第五節　湯的食譜

一、清湯

1. 材料：雞骨1公斤、水3公升、香料束（迷迭香5公克、月桂葉1片、百里香5公克）。
2. 做法：
   (1) 將香料如迷迭香、月桂葉、百里香放小袋中，口以繩子紮緊。
   (2) 將雞骨洗淨，入水汆燙，取出。
   (3) 將汆燙過的雞骨加入水中、香料束以慢火熬煮，不時撈出表面浮渣。

二、褐高湯

1. 材料：小牛骨（或豬骨）二斤，油1/4杯、調味蔬菜（西洋芹菜120公克、紅蘿蔔120公克、洋蔥240公克）、番茄糊100公克、水5公升、香料束（迷迭香5公克、百里香5公克、月桂葉3片、白胡椒粒10粒）。
2. 做法：
   (1) 牛骨放烤盤，200℃烤至褐色，加入調味蔬菜及番茄糊，放入烤箱烤20分鐘至褐色。
   (2) 將深褐色牛骨放高湯中，液體倒入高湯中，加水及香料包，煮6-8小時，不斷去浮油，過濾後再使用。

三、魚高湯

1. 材料：魚骨300公克、奶油1/2大匙、調味蔬菜（蒜頭30公克、檸檬汁1/4個、洋蔥60公克）、水1.5公升、白葡萄酒1/8杯、香料包（月桂葉1片、白胡椒粒5粒）。

2.做法：

　　(1)蒜頭、洋蔥切片。

　　(2)用奶油將洋蔥及蒜片炒香。

　　(3)將魚骨及炒過的蔬菜加水及白葡萄酒、香料包煮滾，小火煮20-30分，
　　　隨時撈出浮渣及浮油。

四、蔬菜高湯

1.材料：油2大匙、洋蔥100公克、大蒜100公克、芹菜80公克、紅蘿蔔80公
　　克、白蘿蔔80公克、番茄30公克、水3公升。

2.做法：

　　(1)將蔬菜切小丁。

　　(2)以2大匙油起油鍋，將蔬菜丁與蒜屑炒香，加水熬煮40分鐘。

五、匈牙利牛肉湯

1.材料：牛肉丁300公克、鹽1/2小匙、白胡椒粉1/4小匙、洋蔥（丁）1杯、
　　沙拉油1大匙、香料束（凱莉茴香1小匙、匈牙利甜椒粉1小匙、迷迭香1
　　小匙、月桂葉2片）、番茄糊/14大匙、去皮番茄（丁）1杯、馬鈴薯丁1
　　杯、牛骨高湯4杯。

2.做法：鍋中放少許油，將牛肉丁炒2分鐘，加入洋蔥丁炒香，加入香料
　　束、番茄糊、去皮番茄丁、馬鈴薯丁、牛高湯，煮滾改小火燉30分鐘，
　　用鹽、白胡椒粉調味。

六、蔬菜絲清湯

1. 材料：番茄塊1杯、洋蔥丁1杯、紅蘿蔔丁1/2杯、西洋芹丁1/2杯、切絲蔬菜（紅蘿蔔絲20公克、西洋芹絲20公克、青蒜絲20公克）月桂葉1片、水4杯、鹽1小匙。
2. 做法：
   (1)鍋中放水，加入番茄塊、洋蔥丁、紅蘿蔔丁、西洋芹丁、月桂葉煮30分鐘，濾出清湯。
   (2)清湯煮滾，加入切絲的蔬菜，加鹽調味。

七、雞肉清湯附蔬菜小丁

1. 材料：雞肉600公克、蛋白2個、洋蔥圈50公克、調味蔬菜（洋蔥丁100公克、紅蘿蔔丁50公克、西洋芹丁50公克）、細丁蔬菜（西洋芹20公克、紅蘿蔔20公克）。
2. 調味料：鹽1小匙、白胡椒粉1/8小匙。
3. 做法：
   (1)雞肉去皮骨剁成肉泥，加入蛋白拌勻，做成肉餅。
   (2)鍋中放1大匙油，洋蔥圈放入煎至褐色。
   (3)鍋中放水加入調味用蔬菜熬煮，倒出高湯，另煮滾加入洋蔥圈及肉餅，改小火熬煮50分鐘，再過濾。
   (4)雞肉清湯加入切細丁的蔬菜，並以鹽、白胡椒粉調味。

八、蒜苗馬鈴薯冷湯

1. 材料：奶油2大匙、青蒜30公克、馬鈴薯150公克、雞高湯3杯、荳蔻粉1/8小匙、鹽1小匙、白胡椒粉1/8小匙、鮮奶油1/2杯、吐司麵包3片、香芹屑3大匙。

2. 做法：

(1) 青蒜切小段、馬鈴薯去皮切厚片、吐司麵包切丁。

(2) 鍋中熱奶油，炒香青蒜，加入馬鈴薯炒至上色，撒荳蔻粉，加入雞高湯煮20分鐘至馬鈴薯軟，加鹽、胡椒粉待涼加入果汁機打成泥狀放冰箱冷藏，上菜前加入鮮奶油。

(3) 鍋中熱奶油，放入吐司麵包丁烘成金黃色、香芹擠乾水分烘乾。

(4) 湯放湯碗，撒上吐司丁及香芹碎片。

九、奶油洋菇濃湯

1. 材料：洋蔥（切丁）30公克、西洋芹（切丁）20公克、奶油1大匙、洋菇（切丁）100公克、香料束（百里香1/8小匙、月桂葉2片）、雞高湯2杯、無糖鮮奶油1/2杯、鹽1/2小匙、白胡椒粉1小匙、吐司麵片（切丁）2片。

2. 做法：

(1) 鍋中熱奶油，放入洋蔥丁、西洋芹丁炒軟，加入洋菇片、百里香、月桂葉拌勻，加雞高湯，以小火煮30分鐘，取出月桂葉。

(2) 待湯冷，用果汁機打成泥狀，放入鍋中，加無糖鮮奶油、鹽、白胡椒粉調味，放湯盤中。

(3) 吐司麵包去皮切小丁，拌奶油烘烤上色，撒在湯上。

十、蘇格蘭羊肉湯

1. 材料：羊腿肉100公克、小薏仁3大匙、培根30公克、洋蔥20公克、西芹20公克、紅蘿蔔20公克、青蒜20公克、白蘿蔔10公克、高麗菜20公克、沙拉油1大匙、雞高湯3杯、月桂葉2片。

2. 調味料：鹽1大匙、白胡椒粉1小匙、香芹1大匙。

3. 做法：

　(1)羊腿肉、培根、洋蔥、西芹、紅蘿蔔、青蒜、白蘿蔔、高麗菜切1公分丁，薏仁泡水。

　(2)以1大匙油熱鍋炒羊腿肉丁、培根、洋蔥、西芹、胡蘿蔔、青蒜、白蘿蔔、高麗菜丁，炒香後加雞高湯、薏仁、月桂葉，以小火燜1小時，加調味料調味，供應時撒上西芹。

十一、義大利蔬菜湯

1. 材料：培根60公克、洋蔥60公克、蒜頭（切碎）10公克、紅蘿蔔40公克、西芹40公克、番茄60公克、高麗菜60公克、番茄糊1/4杯、雞高湯3杯、通心麵1大匙、馬鈴薯60公克。

2. 調味料：鹽1小匙、白胡椒粉1/2小匙、帕美森起司粉1大匙、橄欖油1大匙。

3. 做法：

　(1)培根、洋蔥、紅蘿蔔、西芹、番茄、高麗菜、馬鈴薯切1公分丁。

　(2)煮鍋加熱橄欖油，油熱炒蒜屑培根、洋蔥、紅蘿蔔、西芹、番茄、高麗菜，加高湯煮30分鐘，加入通心麵及馬鈴薯丁煮軟加鹽、白胡椒粉調味，供應時撒上帕美森起司粉。

十二、蔬菜湯

1. 材料：洋蔥100公克、紅蘿蔔100公克、西芹100公克、白蘿蔔100公克、馬鈴薯100公克、奶油1大匙、高湯4杯、月桂葉1片。
2. 調味料：鹽1小匙、白胡椒粉1/2小匙。
3. 做法：

   (1)將各種蔬菜洗淨切1公分小丁。

   (2)以1大匙奶油熱鍋，將各種蔬菜丁炒軟，加高湯及月桂葉，以小火燜30分鐘，以鹽、白胡椒粉調味。

十三、曼哈頓蛤蜊巧達湯

1. 材料：培根60公克、洋蔥60公克、蒜頭（切碎）1大匙、紅蘿蔔30公克、西芹30公克、青椒30公克、紅番茄100公克、蛤蜊肉100公克、馬鈴薯100公克、百里香1大匙、月桂葉2片。
2. 調味料：鹽1小匙、白胡椒粉1/4小匙、辣醬油1小匙、辣椒水1/2小匙。
3. 做法：

   (1)培根、洋蔥、蒜頭切碎。紅蘿蔔、西芹、青椒、紅番茄、馬鈴薯切丁。蛤蜊入3杯水汆燙，取出。

   (2)以奶油熱鍋，加入培根、洋蔥、蒜頭炒香，加入蔬菜丁炒軟，加蛤蜊水、百里香、月桂葉煮15分鐘。

   (3)取出月桂葉，加鹽、白胡椒粉、辣醬油、辣椒水調味。

十四、法式洋蔥湯

1. 材料：洋蔥半斤、奶油1大匙、牛骨高湯3杯、月桂葉1片、葛利亞起司100公克。

2. 調味料：鹽1小匙、白胡椒粉1/2小匙、法國麵包6片。

3. 做法：

   (1)洋蔥切細絲，葛利亞起司切絲，法國麵包切片並烤上色。

   (2)以奶油熱鍋，將洋蔥絲炒成深褐色，加入牛骨高湯及月桂葉，小火燜煮30分鐘，取出月桂葉，加入鹽、白胡椒粉調味。

   (3)將煮好的洋蔥湯倒入湯碗中，上放烤過的法國麵包及葛利亞起司絲，放入明火烤箱焗烤成金黃色。

十五、青豆仁漿附麵包丁

1. 材料：青豆仁半斤、奶油1大匙、培根（切碎）4大匙、洋蔥（切碎）6大匙、西洋芹（切碎）3大匙、雞高湯3杯、無糖鮮奶油3大匙、沙拉油1小匙、蒜頭（切碎）1大匙、吐司麵包3片。

2. 調味料：鹽1小匙、白胡椒粉1/2小匙。

3. 做法：

   (1)以奶油熱鍋炒培根，加入洋蔥末、西洋芹末炒軟，加入青豆仁、雞高湯，煮滾後改小火煮20分鐘。

   (2)吐司去硬邊切0.5公分小丁。

   (3)冷卻後倒入果汁機打成泥，再回鍋加入無糖鮮奶油、鹽、白胡椒粉調味。

   (4)沙拉油炒香蒜屑，加入吐司丁、香芹碎以小火炒至金黃色，放入180°C烤箱烤至金黃色。

   (5)供應時，將湯放湯盤，撒上吐司丁。

十六、白色雞高湯

1. 材料：雞骨250公克、蔬菜束（西洋芹50公克、紅蘿蔔50公克、蒜苗40公克、巴西利20公克）、香料袋（百里香1公克、月桂葉1片、白胡椒粒1公克、迷迭香1公克）、水3公升。

2. 做法：雞骨放入冷水，慢慢煮滾將雜質取出，再放入鍋中，加水、蔬菜束、香料袋熬煮3小時。

十七、什錦羊肉湯（6人份）

1. 材料：羊肉180公克、洋蔥40公克、紅蘿蔔20公克、馬鈴薯50公克、培根30公克、西洋芹40公克、高麗菜40公克、青蒜苗20公克、巴西利10公克。

2. 調味料：雞高湯1.5公升、月桂葉3片、黑胡椒粒5粒、百里香2片、鹽1/2小匙。

3. 做法：

   (1) 羊肉入滾水汆燙後，沖水洗淨切3公分小丁。洋蔥、紅蘿蔔、馬鈴薯、西洋蔥、高麗菜、青蒜苗洗淨切丁。培根切丁、月桂葉、百里香、黑胡椒粒裝紗布袋。巴西利切碎。

   (2) 鍋中放橄欖油1大匙，放入培根丁炒香，加入所有蔬菜丁，炒出香味，放入湯鍋中，加雞高湯、羊肉丁、裝好的香料袋，以小火煮40分，上桌前撒上切碎的巴西利。

十八、蔬菜湯（6人份）

1. 材料：洋蔥60公克、番茄30公克、胡蘿蔔30公克、木耳40公克、山藥50公克、西洋芹40公克、高麗菜40公克、青蒜苗30公克、大蒜20公克。
2. 調味料：橄欖油20公克、雞高湯1.5公升、胡椒粉1/2小匙、鹽1/2小匙。
3. 做法：

   (1) 所有材料洗淨切成3公分小丁。青蒜苗、大蒜切碎。

   (2) 鍋中放入橄欖油，加入切好的蔬菜丁炒香，加入雞高湯熬煮30分，加調味料。

十九、南瓜濃湯（6人份）

1. 材料：南瓜600公克、番薯100公克、西洋芹20公克、胡蘿蔔30公克、洋蔥30公克、大蒜20公克、菠菜葉10公克。
2. 調味料：橄欖油20公克、雞高湯1.5公升、鮮奶50千克、月桂葉3片、胡椒粉1/2小匙、鹽1/2小匙。
3. 做法：

   (1) 南瓜、番薯去皮切塊。西洋芹、胡蘿蔔、洋蔥、蒜頭切碎。菠菜葉切細絲。

   (2) 鍋中放入橄欖油，爆香蒜片、洋蔥，加入南瓜、番薯塊、胡蘿蔔炒香，加入月桂葉及雞高湯，小火煮滾30分，取出月桂葉，用果汁攪拌打成泥狀，加入鮮奶及調味料。

   (3) 上桌前撒上菠菜絲。

二十、地中海海鮮湯（6人份）

1. 材料：去骨魚片30公克、花枝50公克、蝦仁40公克、蛤蜊50公克、大蒜20公克、洋蔥60公克、番茄120公克、胡蘿蔔40公克、馬鈴薯50公克、西洋芹30公克。

2. 調味料：橄欖油15公克、白酒100公克、魚高湯1.5公升、番紅花2公克、胡椒粉1/2小匙、鹽1/2小匙。

3. 做法：
   (1) 大蒜、洋蔥切碎、番茄、胡蘿蔔、馬鈴薯、西洋芹切丁。
   (2) 魚片切薄片。花枝切片。蝦仁抽除腸泥。蛤蚌吐砂。
   (3) 鍋中放橄欖油，將大蒜、洋蔥炒香，加入番茄、胡蘿蔔、馬鈴薯、西洋芹炒香，加入魚高湯、白酒、番紅花熬煮20分，加鹽、胡椒粉調味，加入魚片、花枝片、蝦仁、蛤蜊煮滾即可。

二十一、三菇燉排骨湯（6人份）

1. 材料：豬小排600公克、金針菇100公克、白玉菇100公克、猴頭菇50公克、枸杞30公克、薑片10公克。

2. 調味料：米酒50公克、雞高湯1.5公克、胡椒粉1/2小匙、鹽1/2小匙。

3. 做法：
   (1) 小排骨剁成小塊，入滾水汆燙後取出沖水。金針菇、白玉菇、猴頭菇洗淨，猴頭菇切片。枸杞泡水洗淨。
   (2) 鍋中放入小排骨、高湯、猴頭菇、金針菇、白玉菇、米酒、薑片，小火燉煮30分，起鍋前加入胡椒粉、鹽調味。

第七章
主食類

一、全穀根莖類

穀類為禾本科植物，只要有適合的土壤及氣候便可生長。由於運輸、貯存容易，價值低廉，大多數國家的人們用它作為主食，它為人們熱量的主要來源。

各種穀類均具有外殼、糊粉層、胚乳及胚芽。外殼及糊粉層常因粗糙在加工過程中被碾除，胚芽因含有脂肪不易長時間貯存，也在加工過程中被碾除，大多穀類只用胚乳的部分。

近年來人們因吃精緻穀類，引發腸癌的比例越來越高，因此營養學者積極推薦吃全穀的飲食。穀類含直鏈澱粉與枝鏈澱粉，不同穀類因直鏈澱粉與枝鏈澱粉之比例不同而有不同的特性，枝鏈澱粉高的穀類，黏性較高。

穀類的烹調須加水、加熱，使穀類吸收足夠的水分，質地才會軟化。枝鏈澱粉比例高者，烹煮出來稠度較好，成品也不容易變硬。

各國對穀類成品品質的要求也不一樣，如台灣、日本對米飯的品質要求米飯要煮熟、米心一定要軟，但西班牙、義大利人吃的米飯則米心稍硬，因此烹煮的水分及烹煮後不一定要像台灣人烹煮米飯要經過燜的過程。

台灣人吃麵食大多希望麵皮有嚼勁，麵粉加水之外以牛奶取代水，使麵筋強度更好，在國外人們認為麵粉筋性太強是不好的成品。

二、澱粉類

澱粉類大致上可分為麵食和米食兩種，是人體最重要的熱量來源，因此作為我們三餐中的主食。在餐點當中，澱粉類食品的份量通常是最多的。在西方料理當中，澱粉類食物常拿來當作主菜或是主菜中的配菜。

第一節　麵包

一、吐司

(一)煎法國吐司

1.材料：吐司6片、蛋2個、牛奶1杯、細砂糖1大匙、鹽1/8小匙、香草粉1小匙、蜂蜜2大匙、肉桂粉1小匙、糖粉1小匙。

2.做法：

(1)蛋、牛奶、細砂糖、鹽、香草粉拌勻。

(2)吐司去硬邊，對切成三角形。

(3)鍋中溶化奶油，將吐司沾蛋液，入鍋中二面煎黃。

(4)放盤中，淋蜂蜜或撒肉桂、糖粉。

二、麵包

(一)美式甜麵包

材料	百分比%	重量（公克）
高筋麵粉	75	300
低筋麵粉	25	100
細砂糖	20	80
鹽	1.5	6
奶油	16	64
蛋	16	64
奶粉	6	24
酵母	6	24
水	55	220
乳化劑	2	8

做法：

1. 酵母溶於水中，加入高筋麵粉、低筋麵粉、細砂糖、鹽放入攪拌缸，以鉤狀拌打器打均勻。

2. 加入奶油、蛋、奶粉、乳化劑拌打成麵糰。

3. 麵糰拌打後移至28℃、相對濕度75%基本發酵室，發酵1小時。

4. 麵糰切割成每個35公克，放烤盤，表面刷蛋水，在發酵溫度38℃、相對濕度85%發酵室最後發酵20分鐘，以180℃上火，烤15-20分鐘。

(二)花旗麵包

材料	百分比%	重量（公克）
高筋麵粉	75	300
低筋麵粉	25	100
細砂糖	20	80
鹽	1.5	6
奶粉	6	24
奶油	10	40
白油	10	40
蛋	6	24
水	50	200
香草水	0.5	2
乾酵母	8	32
乳化劑	2	8

做法：

1. 酵母溶於水中，加入高筋麵粉、低筋麵粉、細砂糖、鹽，放入攪拌缸，以鉤狀拌打器拌打均勻。

2. 加入奶油、奶粉、白油、蛋、香草水、乳化劑拌打成麵糰。

3. 麵糰拌打後移至28℃、相對濕度75%基本發酵室,發酵1小時。

4. 麵糰分割成250公克,放烤盤,放28℃、相對濕度85%發酵室最後發酵20
   分鐘,以175℃烤25分鐘。

(三)丹麥式甜麵包

材料	百分比(%)	重量(公克)
高筋麵粉	80	320
低筋麵粉	20	80
細砂糖	10	40
鹽	1	4
奶油	5	20
奶粉	5	20
酵母	6	24
乳化劑	1	4
蛋	15	60
水	50	200
裹入用奶油	40	160

做法:

1. 酵母溶入水中,除了裹用油之外,將所有材料攪拌成糰,鬆弛15分鐘
   後,將麵糰擀成長方形,厚約3公分,裹入油平均鋪在三分之二的麵皮,
   邊緣留1公分,再將三分之一的麵皮蓋上。

2. 再鬆弛15分鐘再摺疊一次,再經鬆弛15分鐘,經整形後刷蛋水放35℃、
   相對濕度85%發酵室最後發酵,以180℃上火烤15分鐘。

第二節　義大利披薩

　　披薩為義大利人的主食，將麵皮加入各種內陷，再撒上乳酪，入烤箱烤出營養均衡的麵食。

一、麵皮部分

表7-1　麵皮材料

材料	百分比（%）	重量（公克）
高筋麵粉	100	700
水	58	406
鹽	2	14
新鮮酵母	2	14
白油	8	56

做法：

1. 將高筋麵粉、水、鹽、新鮮酵母放入攪拌缸中，慢速打勻，再放入白油，打到麵筋形成。
2. 將麵糰放在28-30℃基本發酵室，發酵60分鐘。
3. 依烤盤大小，大盤切割600公克麵糰，中盤300公克麵糰，小盤100公克麵糰。
4. 麵糰分割後滾圓鬆弛15分鐘，擀成0.7公分薄片放擦沙拉油的烤盤，最後發酵20分鐘，上放醬汁等各種材料並撒上莫札拉起司（Mozzarella Checse），放170℃烤上烤20分鐘。

二、抹醬

表7-2　義大利抹醬材料

材料	百分比（%）	重量（公克）
番茄汁	100	200
水	40	80
鹽	2	4
黑胡椒粉	0.2	0.4
洋蔥丁	10	20
紅番茄丁	10	20
花椒葉	0.3	0.6
鼠尾草葉	0.2	0.4

做法：

將番茄汁、水、鹽、黑胡椒粉、洋蔥丁、紅番茄丁、花椒葉、鼠尾草葉以小火燜煮至汁稠過濾即可。

三、各式內餡

(一)醃肉內餡：醃肉（先於烤箱烤好切丁）、紅甜椒、洋菇片。

(二)牛肉內餡：碎牛肉（炸成圓球）、洋蔥丁、洋菇片、青椒絲、紅椒絲、甜玉米粒。

(三)火腿內餡：火腿片、熱狗片、蟹肉片、青椒、紅椒絲

(四)鮪魚內餡：油漬鮪魚罐（去油漬）、洋菇片、甜玉米粒、青豆仁、紅蘿蔔丁。

四、披薩用的乳酪

需用莫札拉起司（Mozzarella Checse），加熱融解，才會有一絲一絲的感覺。

第三節　米飯

一、米的選擇

　　米是西餐中常用的原料，它的種類和方法也很多，常作為肉類、海鮮的配菜，也可以製作成湯或甜點等。在西餐的用法中，米飯可大致分為長米（Long-grained Rice）、短米（Short-grained Rice）、營養米（Enriched Rice）、半成品米（Converted Rice）和即食米（Insant Rice）等五種。

　　長米的外形細長，含水量少，煮熟後會變得比較鬆散，常應用在主菜和配菜中；而短米則和長米相反，它的外形較短，含水量較多，煮熟後會比較黏稠，是製作布丁類產品的理想原料；由於白米在加工製程中會喪失許多原有的營養分，因此會在米的外層上一層維生素或礦物質，形成營養米；為了節省烹調時間，飯店或餐廳業者會使用半成品米或是即食米，其中半成品米的價錢較即食米便宜，雖然味道略遜於長米，但是仍保持完整的營養成分。

　　米的選購應依外形、口味、品牌信譽來做選購標準。

(一)食米外形及品質

　　米粒完整飽，沒有破碎米粒，粒形均一、透明度高、充實飽滿、光澤完整的米粒品質較好，若米粒呈異樣顏色（例如黃色的變色粒）、白色粉質及有太多碎粒等情形，均表示品質不好。

(二)口感

　　不同的米種煮出來的米飯會有不同的口感，消費者選購米時應注意米袋上所註明的品種、生產及加工日期。

(三)品牌

　　品質優良的稻米在包裝袋上會有良質米的標誌，因此當您吃到適合您口感的米時，應記下其品牌。

（四）稻米品質分級與改良

白米粒外形飽滿、透明並具光澤，心腹白、碎米率及被害粒率少。新鮮白米稱之為良質米。

米粒的大小（Ｓｉｚｅ）、形狀（Ｓｈａｐｅ）、透明度（Translucency）、腹白（White Belly）、心白（White Center）、背白（White Back）及胚芽缺刻大小（Condition of the eye）。米粒大小依長度分為六個等級；形狀依長／寬之比率分為三級；透明度、腹白、心白及背白等四種性狀依照白粉色（Chalkiness）在米粒中加深與擴大的程度各分為六級，由0至5，0為最好，5為最差。

二、米飯烹調

（一）義大利海鮮飯

1.材料：米1杯、白葡萄酒1/8杯、魚高湯 1 杯、草蝦80公克、淡菜80公克、鮮干貝80公克、花枝80公克、洋蔥屑80公克、蒜頭屑2大匙、橄欖油2大匙、鹽1/2小匙、白胡椒粉1/4小匙、帕美森起司粉1大匙。

2.做法：

(1)草蝦去頭及外殼，除腸泥。淡菜去外殼，乾貝切丁，透抽洗淨切圓圈。

(2)以橄欖油熱鍋，爆香蒜頭、洋蔥丁、草蝦、淡菜、乾貝丁、花枝圈，加魚高湯及米，以小火燜煮，加鹽、白胡椒粉，煮至米軟，盛放盤中撒上帕美森起司粉。

(二)青豆飯

1. 材料：米1杯、雞高湯1杯、青豆仁60公克、蒜頭（切碎）2大匙、奶油1大匙、鹽1小匙、白胡椒粉1/4小匙。

2. 做法：
   (1)米洗淨。
   (2)鍋中放奶油，將蒜屑放入炒黃，加入雞高湯、青豆仁、米、胡椒粉、鹽，加蓋以小火燜煮至米熟。

(三)西班牙海鮮飯（6人份）

1. 材料：長米2杯、洋蔥100公克、新鮮干貝6顆、草蝦12隻、花枝1隻、蛤蜊6個、大蒜10公克、青豆仁60公克、紅甜椒100公克、青椒100公克。

2. 調味料：橄欖油20公克、白酒2大匙、魚高湯2杯、番紅花3公克、胡椒粉1/2小匙、鹽1/2小匙、檸檬汁1大匙。

3. 做法：
   (1)洋蔥、大蒜切碎。紅甜椒、青椒切細絲、草蝦抽取腸泥，剪去頭鬚。花枝切片。蛤蜊泡水。
   (2)鍋中放橄欖油，爆香洋蔥及蒜屑，加入長米拌炒，加番紅花、胡椒粉、鹽及高湯，待湯汁收乾後，加入青豆仁、紅甜椒、青椒拌炒，取出放烘烤盤，上鋪草蝦、花枝、干貝、蛤蜊，淋上白酒，以180℃烤15分後，淋上檸檬汁，可增加風味。

(四)菇菇飯（6人份）

1. 材料：蓬萊米2杯、洋蔥180公克、洋菇40公克、鴻嘉菇60公克、杏鮑菇40公克、新鮮香菇50公克、青豆仁50公克。

2.調味料：橄欖油20公克、胡椒粉1/2小匙、鹽1/4小匙、雞高湯2杯、月桂葉3片。

3.做法：

(1)米洗淨。洋蔥切碎、洋菇、鴻嘉菇、杏鮑菇、香菇切成2公分小丁。

(2)鍋中放橄欖油爆香洋蔥，加入洋菇、鴻嘉菇、杏鮑菇、香菇丁及青豆仁，加入米炒香，加高湯及調味料，主湯汁收乾。

(五)地中海炒飯（6人份）

1.材料：長米2杯、鯛魚60公克、花枝1隻、草蝦6隻、洋蔥60公克、紅蘿蔔40公克、黃甜椒60公克、紅甜椒60公克、青椒60公克。

2.調味料：橄欖油30公克、大蒜20公克、雞高湯1.75杯、鹽1/2小匙。

3.做法：

(1)長米洗淨，加入雞高湯煮成飯。

(2)鯛魚切片，花枝去外膜由內部切片。草蝦去腸泥剪去頭鬚，洋蔥切碎。紅蘿蔔、黃甜椒、紅甜椒、青椒切成1公分丁狀。

(3)鍋中放橄欖油，爆香大蒜片及洋蔥，加入鯛魚片、花枝片、草蝦、加入紅蘿蔔、黃甜椒、紅甜椒、青椒丁，加鹽調味，拌入煮好的長米。

(六)五穀菜飯（6人份）

1.材料：長米1/2杯、麥片1/4杯、小米1/4杯、薏仁1/4杯、米豆1/4杯、洋蔥100公克、高麗菜50公克、胡蘿蔔50公克、乾香菇30公克。

2.調味料：橄欖油20公克、雞高湯2杯、胡椒粉1/2小匙、鹽1/2小匙。

3.做法：

(1)長米、麥片、小米、薏仁、米豆洗淨，加入雞高湯煮熟。

(2)洋蔥切碎。高麗菜、紅蘿蔔、香菇切1公分正方丁。

(3)鍋中放橄欖油，炒香洋蔥、高麗菜、紅蘿蔔、香菇丁，加胡椒粉及鹽調味，倒入煮好的五穀飯中拌勻。

(七)蒜味小卷飯（6人份）

1.材料：小卷3隻、長米2杯、青豆仁50公克、胡蘿蔔60公克、香菇30公克、洋蔥60公克、大蒜片60公克。

2.調味料：橄欖油20公克、魚高湯2杯、胡椒粉1/2小匙、鹽1/4小匙。

3.做法：

(1)小卷去外膜洗淨切圈狀，胡蘿蔔、香菇、洋蔥切1公分小丁。

(2)鍋中放橄欖油，放入洋蔥丁、大蒜片炒香，加入青豆仁、香菇、小卷炒香，加入長米、魚高湯及胡椒粉、鹽調味，煮至米熟透。

第四節　義大利麵

義大利麵可作為主菜的主角或配角，它的品種有數十種，其製成的主要原料是麵粉和水，有的還會添加約5%的雞蛋。

一、義大利麵種類

義大利因區域性的不同而衍生出不同風味的Pasta，如：義大利北部為靠山的，多半採用乳酪、野菜、香菇和松露等材料，以千層麵、管狀麵、手打麵、麵餃為多；義大利南部，以魚蝦、番茄為烹調調義大麵的食材；「星期四就是吃麵疙瘩的日子」，表現出中部義大利人對麵疙瘩的熱愛程度。還有其他具代表性的Pasta，如薩丁尼亞的肉丸貝殼麵，西西里島的螺旋麵、雞蛋寬麵，羅馬尼亞州的米利亞區最為有名。義大利的廚師發現有些形狀的麵特別適合某些醬料。

表7-3 通心麵種類

義大利麵的種類	特性	煮麵時間	烹調方法
義大利麵（Spaghetti）	為一般規格的麵條，有分1.5、1.6、1.8公釐的麵條。	10分鐘	適用於肉醬、奶油培根、海鮮、燴炒方式。
加長義大利麵（Extra-long spaghetti）	為一般規格的麵條的加長麵條。	10分鐘	適用於肉醬、奶油培根、海鮮、燴炒方式。
細扁麵（Linguine）	形狀較一般麵條細扁，其尖端呈橢圓形，似小貓的舌頭得名。	4-5分鐘	適用於濃郁的醬汁、肉醬、奶油培根、海鮮等燴方式。
天使細麵（Angle hair）	是義大利最細的麵，譽有「細髮絲」。	4-5分鐘	適用於肉醬、海鮮等燴炒方式。
全麥義大利麵（Whole-wheat spaghetti）	全粒小麥製擀的高纖維義大利麵，口感非常厚實爽口。	10分鐘	適搭配少量油質，較清淡的醬汁。
三色螺旋麵（Fusilli tre colori）	以菠菜、番茄及原味等材料製成的螺旋麵。	7分鐘	可搭配肉醬、湯類、沙拉等料理。
通心麵（Macaroni）	為半圓形的通心麵，和斜管麵有類似的特性。	6分鐘	可用於焗烤、調拌沙拉及濃郁的醬汁。
斜管麵（Penne）	形狀為斜管狀通心麵，有柔韌的特性，可以使醬汁進入管內，有麵醬合一的均勻口感。	7-8分鐘	適用於肉醬、番茄醬、奶油培根等醬汁。

義大利麵的種類	特性	煮麵時間	烹調方法
管麵（Elicoidali）	為管狀通心麵，和斜管麵有類似的特性。	7-8分鐘	適用於肉醬、番茄醬、奶油、培根等醬汁。
寬麵（Fettuce）	依寬度有不同的名稱：如小寬麵（Fettuccine），寬約5公釐，大寬麵（Tagliatelle），寬約8公釐。	8-10分鐘	麵條面積較寬，能吸附較多醬汁而又不會有口味太重的情形出現。適用於肉醬、海鮮、起司等，炒煮方法。
菠菜寬麵（Fettuccine verdi-with spinach）	以菠菜汁所製作的寬麵。	8-10分鐘	同寬麵的料理方式。
義大利雞蛋麵（Tagliatelline）	源於雞蛋材料的寬扁麵條。	8-10分鐘	適用於肉醬、海鮮、奶油等醬汁調理方式。
義大利番茄雞蛋麵（Tagliatelline Pomodoro）	混合雞蛋及番茄手擀而成，麵質較柔和，色彩生動。	8-10分鐘	適用於肉醬、海鮮、奶油等醬汁調理方式。
義大利翡翠麵（Tagliatelle-with spinach）	混合菠菜手擀調製而成。	8-10分鐘	適用於海鮮、奶油等醬汁調理方式。
墨魚麵（Tagliatelle-with squid ink）	以墨魚的墨汁製作而成的寬麵，具有特殊香氣。	8-10分鐘	適合搭配橄欖油和海鮮、番茄及其他食材炒食。
半型貝殼麵（Gnobetti）	為貝殼造型的麵，可包裹醬汁。	7分鐘	適用於肉醬、奶油培根等炒燴方式。

義大利麵的種類	特性	煮麵時間	烹調方法
蔬果貝殼麵 （Conchiglie tre colori）	以菠菜、番茄及原味等材料製成的貝殼麵。	7分鐘	同貝殼麵的料理方式。
蝴蝶麵（Farfalle）	兩側麵質較細薄，中心較厚實。	10分鐘	適用於番茄、橄欖油、奶油醬汁，炒燴方式等調理。
車輪麵（Rotelle）	車輪狀的空洞易附著有濃郁醬汁。	7分鐘	適用於橄欖番茄、肉醬、海鮮、奶油培根等方式調理。
蔬果車輪麵（Rotelle tre colori）	以菠菜、番茄及原味等材料製成的車輪麵。	7分鐘	同車輪麵的調理方式。
千層麵（Lasagne）	為片狀的義大利麵。這個字原意為鍋子，意為煮千層麵的配方千變萬化。	8分鐘	經預煮方式，再使用烤盤，將千層麵和餡料相間一層層鋪入，最上層再配合乳酪、起司粉，經烘烤調理方式。
波浪形千層麵 （Lasagna Doppia Riccia）	為片面形狀帶有波浪邊的義大利麵。	8分鐘	同千層麵料理方式。
菠菜千層麵 （Lasagne-with spinach）	以菠菜汁製成的千層麵。	8分鐘	同千層麵料理方式。
雞蛋千層麵（Lasgna）	以雞蛋製成的千層麵。	8分鐘	同千層麵料理方式。
義式餃子（Ravioli）	為方形餃，內餡包裹絞肉、蔬菜泥或起司。	7分鐘	可煮湯或搭配醬汁。

義大利麵的種類	特性	煮麵時間	烹調方法
義式餛飩（Tortellini）	似我國餛飩的型狀，內餡包裹絞肉、蔬菜或起司。	7分鐘	可煮湯或搭配醬汁。
米形麵（Risone, Orzo）	似米粒形狀的麵。	8分鐘	可煮湯或搭配醬汁。
造型麵（Pastini）	以許多圖案為造型的麵，可煮玩具、卡通造型的麵提起小朋友的食慾。	5分鐘	可煮湯或搭配醬汁。
花邊麵（Noodles-with beetroot）	有花邊造型的麵。	10分鐘	可煮湯或搭配醬汁。

二、義大利麵之選購

要辨別義大利麵的品質可以用手觸摸觀察，品質好的麵條摸起來會向絲綢般的滑順且有彈性。

三、義大利麵之烹調

義大利麵的料理方法可分為乾麵和湯麵：乾麵為家常的料理方式，通常是將搭配的醬料一起拌炒或是在麵中填入肉餡、蔬菜焗烤；而湯麵部分的義大利麵造型較多樣化，像是貝殼、蝴蝶、輪子等。雖然料理義大利麵的方式相當多樣化，不過將麵煮熟的方式卻是大同小異：煮麵的時候需要大量的鹽水，其比例約1公升的水可煮100公克的麵，待鹽水煮沸之後，將麵條放入，煮約7-8分鐘。煮麵所花費時間長短雖然是視麵本身的情況來判定，不過煮出來的成果都必須要有嚼勁。義大利麵不能將水分瀝得太乾，否則很容易黏在一起；建議可以在麵從水中撈起前，加入一點油，以避免麵條互相沾黏。

四、義大利麵食譜

(一)義大利肉醬麵

1. 材料：
   (1) 義大利麵材料：義大利麵200公克、沙拉油1/2大匙、鹽1/4小匙、白胡椒粉1/4小匙、帕美森起司2大匙。
   (2) 肉醬材料：橄欖油2大匙、牛絞肉200公克、調味蔬菜：蒜末1大匙、洋蔥末3大匙、西洋芹末2大匙、紅蘿蔔末3大匙、番茄丁1/2杯、番茄糊3大匙、牛骨高湯3杯、香料束（奧利岡3公克、月桂葉2片）、匈牙利甜椒粉1小匙、鹽1/4小匙、白胡椒粉1/4小匙。
2. 做法：
   (1) 鍋中放橄欖油，炒牛絞肉，加入調味蔬菜（蒜末、洋蔥末、西洋芹末、紅蘿蔔末、番茄丁）及番茄糊，拌炒至紅褐色，加入牛高湯及香料束用小火燜煮40分鐘，加匈牙利甜椒粉、鹽、胡椒粉調味，取出香料束。
   (2) 鍋中煮水，水滾放入義大利麵煮10分鐘後，取出淋上沙拉油，拌少許鹽及胡椒粉，放盤中淋上肉醬，撒上帕美森起司。

(二)奶油雞蛋麵

1. 材料：雞蛋麵300公克、奶油2大匙、鹽1/4小匙、洋香菜（切碎）1大匙。
2. 做法：
   (1) 鍋中煮水4杯，加入鹽，水滾後放入麵條煮熟，撈出。
   (2) 拌入奶油及切碎洋香菜。

(三)菠菜麵疙瘩

1.材料：高筋麵粉150公克、牛奶或水75公克、蛋白1個、菠菜泥200公克、
　　鹽1/4小匙、白胡椒粉1/4小匙、奶油1大匙。

2.做法：

　(1)高筋麵粉、牛奶、蛋白、菠菜泥、鹽、白胡椒粉攪拌均勻，醒30分
　　　鐘。

　(2)麵粉吸水後，將麵糊倒入疙瘩網，入滾水中煮成一粒粒菠菜麵疙瘩，
　　　煮熟撈起，以奶油、鹽、白胡椒粉拌勻。

第五節　馬鈴薯

(一)水煮馬鈴薯

1.材料：馬鈴薯1斤、鹽1/4小匙、西洋芹（切碎）2大匙。

2.做法：

　(1)馬鈴薯去皮，切2公分正方丁。

　(2)水滾放入鹽及馬鈴薯丁加鹽燜煮至馬鈴薯軟，拌切碎的西洋芹。

(二)煎烤馬鈴薯

1.材料：馬鈴薯1斤、奶油1大匙、鹽1/4小匙、胡椒粉1/4小匙。

2.做法：

　(1)馬鈴薯削外皮，切成橄欖形。

　(2)將橄欖形的馬鈴薯入水中汆燙，熱鍋放入奶油，放入橄欖形馬鈴薯入
　　　鍋中煎至上色，放入烤箱中烤至金黃色，吃時以鹽、胡椒粉調味。

(三)炸圓柱形馬鈴薯

1.材料：馬鈴薯300公克、無糖鮮奶油1大匙、奧利岡2公克、鹽1/4小匙、胡椒粉1/4小匙、麵粉1/2杯、蛋液2個、麵包粉1杯。

2.做法：

(1)馬鈴薯削去外皮，切塊在水中煮軟，取出壓成泥，拌入無糖鮮奶油、奧利岡、鹽、胡椒粉，分成6份，揉成圓柱形。

(2)圓柱形馬鈴薯先沾麵粉，再沾蛋液、外沾麵包粉，入油炸至金黃色。

第八章
蔬菜類

第一節　蔬菜類的分類

一、葉菜類

(一)萵苣（Lettuce）

萵苣全年皆可生長，主要有三種類型：結球型、長葉型及包心類型，三種類型的萵苣都適合用在沙拉裡生吃，其中結球型的結球萵苣是最普遍的一種，口感脆嫩香甜，接受度高；長葉型最具代表性的爲蘿蔓，蘿蔓葉質較厚，直立型葉片不完全包合，口感青脆；包心類型的包心萵苣也類似圓形，但不完全包合。

(二)菠菜（Spinach）

菠菜含有草酸成分，口感具有澀味，可以先經過汆燙，以降低澀味。中式的菠菜常使用快炒或煮湯的料理方式，西式料理的菠菜通常放在沙拉裡面生吃。

(三)菊苣（Chicory）

原生於歐洲，葉片呈細長包心狀，又稱野苦苣，微帶苦味，通常一片片剝開後使用在沙拉中。

(四)苦苣（Endive）

又稱捲葉菊苣，葉片外形皺縮呈捲曲狀，葉緣不規則，葉梗潔白，葉色脆綠，食用時略帶苦味，主要用於沙拉。

二、蕓苔屬蔬菜

(一)綠花椰菜（Broccoli）

整株爲青綠色，主要食用花蕾與花梗部分，又稱青花菜，富含維生素C。顏色越綠的越新鮮，在使用前用鹽水汆燙，可保持色澤更鮮艷，適用在前菜或加在湯裡。

㈡花椰菜（Cauliflower）

又稱結球花，主要食用其花蕾與花梗的部分，通常使用奶醬烤花椰菜。

㈢大頭菜（Kohlrabi）

有紫色和綠色兩種，主要食用它的厚莖，可以水煮或磨碎後放在沙拉上食用。

㈣高麗菜（White Cabbage）

又稱爲甘藍菜，這種包心菜不容易變壞，儲藏時間較葉菜類長，口感清脆適合做成生菜沙拉和酸泡菜。

㈤紫高麗菜（Red Cabbage）

爲使保存原本的色澤，烹調時會添加一些醋以保色，可醃漬或生吃，也可以和辛香料或蘋果一起煨煮食用。

三、嫩莖蔬菜

㈠芹菜（Celery）

原產於歐洲地中海地區，通常都食用它葉柄的部分；芹菜的熱量不高，且富含鉀和鈣；常見的食用方法是將它切成片後拌入乳酪或是酸奶一起生吃，也可以當作清蒸、紅燒菜餚的配菜。

㈡蘆筍（Asparagus）

原生於歐洲，種類達二十多種，產季在春末夏初。在做前處裡時，需要把較硬的根部去除；較老的蘆筍其莖也會比較硬，需要將皮削掉。蘆筍通常只做水煮的處理方式，常見的食用方法是把它製作成沙拉。

㈢朝鮮薊（Artichoke）

朝鮮薊生長在地中海沿岸，含豐富的營養價值，可維護肝臟機能；朝鮮薊可水煮、油炸、焗烤，或是製作成沙拉，常作為開胃菜或是前菜的常用食材。

四、果菜

(一)茄子（Aubergine）

原產於印度，現今遍布世界各地，它含有豐富的營養素，可以防治高血壓、動脈硬化、腦溢血等。目前深受地中海區域的人喜愛，已研發出多種菜色。

(二)番茄（Tomato）

原產於南美洲，因為裡面所含的茄紅素而成為現今熱門的蔬果。番茄種類很多，其料理方法也很多樣化，可生食也可熟食，在地中海料理中和洋蔥一樣，占有重要的地位。番茄可拿來榨汁、製作成番茄糊或是做成番茄醬等加工產品。

(三)甜椒（Pepper）

甜椒的口感和胡椒一樣帶點辛辣味，它的顏色主要有綠色、紅色、橙色、黃色和紫黑色五種。其中紅色的甜椒甜度最高，而紫黑色的甜椒雖然顏色特別，不過口感跟風味和綠色甜椒沒有兩樣；特別的是，紫黑色甜椒煮熟後，就像綠色甜椒。

(四)酪梨（Avocado）

原產地在中美洲，又稱鱷梨，其營養價值高且富含植物性脂肪，有「森林中的奶油」之稱。在料理的應用上，多半把新鮮的酪梨應用在沙拉製作上。新鮮的酪梨外表呈青綠色，果肉也較硬；而成熟的酪梨表皮為深紫色，果肉較香軟，適合直接食用。

五、瓜類

(一)南瓜（Pumpkin）

原產於北美洲，果肉較粉且帶點纖維，嘗起來有微甜的味道，產季在夏、秋兩季。在西方南瓜常用來做成南瓜派，或是製作湯底。

(二)黃瓜（Cucumber）

黃瓜的口感清爽，帶點澀味，通常都會用成切片黃瓜或是醃漬黃瓜兩種。切片黃瓜主要應用在沙拉上，而醃黃瓜通常都是將整條黃瓜醃製，常和沒有做任何加工的食材一起做搭配。

六、鱗莖蔬菜

(一)洋蔥（Onion）

洋蔥是西餐料理中，是最重要的食材之一，它的保存期長，且保存方法也簡單。洋蔥不管是燉湯、炒、煮或是生吃都可以，在料理的應用上也很廣泛，像是著名的西式料理法式洋蔥湯，就是以洋蔥為主角。

(二)大蒜（Garlic）

大蒜基本上不算是蔬菜，主要的功能是提高食物的香氣，在用量上也不多，不過在義大利料理上是不可或缺的食材。

(三)紅蔥頭（Shallot）

紅蔥頭和洋蔥一樣吃起來帶點辛辣味，在法式料理中被廣泛應用，在製作醬汁或是肉類料理上，紅蔥頭是配料中的常客，通常都會先把它用油爆香，以增加料理的美味性。

(四)蒜苗（Leek）

又叫青蒜，是原產於歐洲的多季蔬菜，味道不如洋蔥辛辣。蒜苗用途也很廣泛，在製作火鍋或派時，加入蒜苗可以提高美味程度，主要應用在高湯或焗烤上。

七、根菜

(一)蘿蔔（Radish）

蘿蔔本身具有辛辣味，而這辣味取決於栽種的品種與土壤。西方

的蘿蔔以紅皮的蘿蔔為主，它們的表皮是紅色，裡面則是白色，可以直接生吃，常應用在冷盤沙拉或湯點上。

㈡胡蘿蔔（Carrot）

胡蘿蔔富含β胡蘿蔔素及維生素A，是種營養價值滿高的食物，初夏產出的胡蘿蔔較甜。在西餐的應用上，胡蘿蔔長切塊燉湯或是當菜食用。其市面上可看見生鮮胡蘿蔔外，也有罐裝或是冷凍食品形式在販售。

㈢甜菜（Beetroot）

甜菜原產於地中海沿岸，一般食用的部位在根部，不過甜菜的葉子部分也可以吃，葉子的味道像菠菜。其營養價值也和菠菜差不多，富含鐵質。甜菜可以水煮或烘烤，也可以製作成泡菜。中甜菜更是著名的俄國名菜羅宋湯的主要材料。

八、塊莖

㈠樹薯（Cassava）

又稱木薯，產自中南美洲，含豐富的澱粉，主要是來製成樹薯粉，葉片可以當作蔬菜食用；樹薯粉可以用來製作蛋糕和甜點。

㈡馬鈴薯（Potato）

原產於南美洲，是碳水化合物的重要來源。一般人都認為馬鈴薯會容易造成肥胖，但事實上並不會——如果是以未油炸和沒有過多的奶油調理的情況下。馬鈴薯富含維生素C，其種類多達400種以上；它的料理方式多樣化，除了燉湯、製成馬鈴薯泥以外，也可以切片油炸或是做成沙拉食用。

㈢菊芋（Jerusalem Artichoke）

原產地在美洲，以冬天至初春季節處產的品質最好，新鮮的菊芋放置陰涼處保存可長達10天左右。菊芋的烹調方式和馬鈴薯相似，烤、炸、煮都可以，不過在料理之前得先讓菊芋煮軟才行。

九、豆莢及種子

(一)豌豆（Pea）

豌豆最早是生長在中東的作物，豌豆在採收過後會馬上開始漸漸失去原本的風味，因此常被製作成罐頭、冷凍蔬菜。當豌豆被蒸熟時，雖然有點軟，但仍有嚼勁且帶點甜味，常應用在湯品上。

(二)秋葵（Okrau）

原生在熱帶非洲，廣泛地應用在美國南方的料理上。秋葵口感黏滑，其黏液富含營養價值，是為目前熱門的保健蔬菜食物，能增強人體防癌的功能。

(三)四季豆（Green Bean）

原產於美洲，品種眾多，外形大多飽滿而清脆。四季豆不耐保存，因此在購買後應儘快食用。在製備四季豆時，須去頭尾、用鹽水煮熟即可食用。

(四)玉米（Sweetcorn）

又稱玉蜀黍，原產在中美洲，是印地安人的主食，現今為世界上最為普遍的糧食作物。玉米的料理方法很多，可以整支火烤、水煮，或是榨成泥糊油炸，也可以製作成冷凍或是罐頭食品。

十、菇類

(一)洋菇（mushroom）

原生於歐洲和北美洲，現今為人工培育最為廣泛的菇類。其大致上可分為四種顏色：白色、灰白色、淡黃色及褐色，其中以白色的味道最好。洋菇可生吃，正常情況下切口受傷會變淡紅褐色，若擦傷或受傷不變色則可能是經過漂白。

近年來歐美有喜歡食用成熟開傘者，開傘後菌褶會變黑褐色，看起來雖髒，但烹調後有種特殊的香味。

(二)草菇（Straw mushroom）

草菇在夏、秋季節生長在富含纖維、潮濕的地方，口感脆嫩，能提升免疫力。

(三)羊肚菌（Morel）

因外形像羊肚，故稱羊肚菌，外表淡黃褐色，產季在春季、夏初時節，生長在闊葉林的地上或路旁，肉質脆嫩，可助消化。

(四)松露（Truffles）

松露可分為黑松露和白松露，是為菇蕈類中最為貴重的品種；特別是白松露，因人工無法培育，加上味道獨特，因此為菇蕈類價格最高的品種。因為松露不會長出地面，所以需要透過經訓練過的動物去幫忙挖掘（像是豬、狗、羊）。黑松露的產地以法國的佩里戈爾（Perigord）地區最為著名，而白松露則以義大利西北部的皮耶蒙特（Piedmont）省的阿爾巴（Alba）最為著名。松露可直接生食，不過黑松露以熟食的方式處裡味道較好，至於白松露則常直接切薄片，放入已煮好的菜餚中

第二節　蔬菜類的營養價值

蔬菜的種類相當豐富，是食物中纖維的重要來源，蔬菜的成分中大約80%是水分，剩下的則是碳水化合物及蛋白質，其中所富有的營養成分包含了許多維生素及礦物質。有些深綠色的蔬菜具有澀味，是因為蔬菜中所含大量的草酸所導致，只要在烹煮前先汆燙，就可去除澀味；而某些蔬菜的成分具有特殊機能，例如蕓苔屬蔬菜含豐富的酚類物質，是相當好的抗氧化劑來源。

第三節　蔬菜類的選購

　　蔬菜選購時應避免枯萎、變色及受傷的青菜，以流水清洗乾淨，不可在菜餚中發現菜蟲。切割後應立刻烹煮，以保持蔬菜中的營養成分。長時間烹煮會使蔬菜大部分的營養流失，因此大多數的蔬菜適合短時間烹煮，以保存蔬菜的顏色及味道。

第四節　蔬菜類的烹調

一、橄欖洋菇（6人份）

1. 材料：綠橄欖18個、黑橄欖18個、莫札拉起司180克、洋菇24個。
2. 調味料：橄欖油2大匙、白酒醋80公克、月桂葉3片、迷迭香少許。
3. 做法：

   (1)綠橄欖、黑橄欖、洋菇洗淨、瀝乾；莫札拉乳酪切塊，備用。

   (2)熱鍋加橄欖油，放入洋菇、月桂葉、迷迭香拌炒至水分收乾，起鍋放涼。

   (3)取一容器，放入洋菇、綠橄欖、黑橄欖、莫札拉起司、橄欖油、白酒醋、胡椒鹽拌勻後，醃漬6小時，即可食用。

二、釀番茄（6人份）

1. 材料：聖女番茄300公克，油漬鮪魚缶頭梅（50公克）、沙拉醬1/4杯、巴西利50公克。
2. 做法：

   (1)聖女番茄洗淨由尖的頂部切開1公分，挖除番茄籽。巴西利剁碎。

(2)鮪魚缶頭濾去油漬，拌勻，沙拉醬拌勻。

(3)將番茄中央填入鮪魚沙拉，撒上巴西利。

三、烤蔬菜（6人份）

1. 材料：番薯480公克、洋蔥60公克、番茄120公克、大蒜20公克、吐司片12片、青豆仁60公克、巴西利2大匙。

2. 調味料：橄欖油2大匙、濃縮番茄75公克、番茄糊30公克、胡椒粉1/2小匙、鹽1/4小匙、奧利岡1小匙。

3. 做法：

(1)番薯去皮，切比吐司小的片狀。洋蔥切絲、番茄切丁。

(2)鍋中加入橄欖油，放入洋蔥將炒香，加入番茄丁、奧利岡葉、青豆仁、濃縮番茄、番茄糊，加水1/2杯，小火燜10分後，盛出。

(3)另熱鍋，將番薯片煎熟，放於烤盤，將炒好的蔬菜放於上，上放吐司片，以180°C烤至吐司著色。

四、醃漬蒜味洋菇（6人份）

1. 材料：珍珠洋蔥100公克、大蒜100公克、洋菇300公克、迷迭香2支。

2. 調味料：橄欖油2大匙、月桂葉3片、白酒醋60公克。

3. 做法：

(1)小洋蔥、大蒜、洋菇洗淨。

(2)鍋中放油炒香小洋蔥、大蒜、洋菇、月桂葉及迷迭香，加入白酒醋煮滾，熄火，冷卻後放冰箱冷藏1天，即可食用。

五、糖醋蔬菜

1. 材料：胡蘿蔔100公克、小黃瓜100公克、白蘿蔔100公克。
2. 醃料：糖50公克、白酒醋50公克、水100公克、黑胡椒粉2公克、薑黃粉1/4小匙、新鮮小茴香15公克。
3. 做法：

   (1) 胡蘿蔔、小黃瓜、白蘿蔔洗淨切成1×3份條狀。

   (2) 將糖放入鍋中炒焦，加入白酒醋、水、黑胡椒粒、薑黃粉、新鮮小茴香，煮滾後熄火放涼。

   (3) 取一容器放入各式蔬菜條，將煮好的糖醋汁放入沒過蔬菜，放冰桶冷藏三天後可食用。

六、炒彩椒（6人份）

1. 材料：青椒1個、紅椒1個、黃椒1個、洋蔥1個、蒜頭30公克、新鮮迷迭香2支。
2. 調味料：橄欖油1大匙、月桂葉3片、鹽1/2小匙。
3. 做法：

   (1) 青椒、紅椒、黃椒去硬蒂及籽，切成菱形片，大蒜切片。

   (2) 鍋中放油，炒香大蒜，放入彩椒片炒軟，加入迷迭香、月桂葉，以鹽調味。

七、烤茄片（6人份）

1. 材料：茄子300公克、巴西利50公克。
2. 調味料：橄欖油30公克、芝麻醬60公克、胡椒粉1/2小匙、鹽1/2小匙、檸檬汁30公克、糖20公克、鹽2公克。

3.做法：

　　⑴茄子洗淨去硬莖，斜切片。巴西利洗淨剁碎。

　　⑵茄片與橄欖油、胡椒粉、鹽拌勻，放入180℃烤箱烤20分至茄片軟。

　　⑶將芝麻醬、檸檬汁、糖、鹽拌勻，撒上巴西利作沾醬。

第九章

蛋 類

世界上家禽生下的蛋有雞蛋、鴨蛋、鵝蛋、鴕鳥蛋，其中因雞蛋經烹煮後具有香味，而且產量多，常被用來做成各種產品。

蛋的蛋白與蛋黃經加熱後會凝固，利用蛋的凝固力可製作出硬煮蛋、軟煮蛋、炒蛋；蛋黃中的卵磷脂可使油與水成均勻的乳化狀態，可製作出各式沙拉醬；利用蛋白、蛋黃或全蛋經打發後打入大量空氣可製作出各式蛋糕。

蛋殼外有沙門氏菌，當拿蛋後應將蛋殼洗淨再使用。帶殼的蛋宜冷藏，不能帶殼冷凍，會造成蛋黃的脂蛋白凝結成塊，造成使用的困擾。蛋白、蛋黃、全蛋可分開冷藏，在1週內使用完。蛋白可冷凍，解凍後可像新鮮蛋白一樣，也有拌打成泡沫的能力。蛋黃或全蛋含有脂肪，在冷凍前加鹽或糖打勻，解凍要使用時應將冷凍前所加的鹽與糖量扣除。

第一節　蛋的營養

蛋是家禽繁衍生命的根源，有各種不同的蛋，如最大的鴕鳥蛋，及雞蛋、鴨蛋、鴿蛋；以雞蛋最常被食用，因為雞蛋經烹調後具有香味。越大的蛋，如鴕鳥蛋、鴨蛋、鵝蛋，經烹調後具有腥味。

雞蛋的蛋白質品質很高，對人體修補身體組織有很大助益；醣類含量不多，約占1%；脂肪則含在蛋黃中，脂肪與磷結合成卵磷脂，常用來製作冰淇淋、蛋黃醬時作為乳化劑。

蛋白含有硫，與蛋黃的鐵，若烹調溫度太高及烹調時間太長，容易結合形成暗綠色的硫化鐵，使煮出來的蛋在蛋黃周圍有不好的顏色與風味。

第二節　蛋的選購

選購雞蛋要點：

一、看蛋殼

新鮮蛋外殼乾淨，外殼上有粗糙的粉末清潔而無裂紋，貯放太久的蛋表面較光滑，腐敗的蛋外殼有灰黑斑點且發黑。

二、蛋殼顏色

購買雞蛋時，蛋殼會因雞品種而有不同的顏色，不影響其營養成分。

三、大小

一般以一個雞蛋60公克重為宜，尤其製作蛋糕時，食譜所寫的個數均以每個蛋約60公克為宜。

四、照光

把蛋對著燈光，新鮮蛋白亮透明，蛋白、蛋黃有明顯分界，蛋鈍部分氣室很小；不好的蛋則有黑點甚至部分或全部變黑，蛋黃散開。

五、用鹽水浸試

將蛋浸在6%的鹽水中，新鮮蛋沉下水底，舊蛋稍漂浮於水中，腐敗蛋則浮於水面。

第三節　蛋的烹調原理

蛋的烹調原理有下列三種：

一、起泡力

蛋黃、蛋白、全蛋經拌打後會有體積變大的現象，即拌打後打入空氣所導致。蛋白以21℃、蛋黃及全蛋以43℃最適合拌打。因此，蛋白以放室溫，蛋黃或全蛋則隔熱水加熱，最宜拌打。

拌打時不能用鋁鍋，因鋁鍋會使打出來的蛋液溶鋁而色變黑。拌打至泡沫或乳白色，蛋白在打蛋器成鉤狀，蛋黃或全蛋呈等腰三角形。

二、凝結力

全蛋可加40℃以下水，1個全蛋可加3/4杯水，經小火蒸至凝固。

三、乳化力

蛋黃具卵磷脂可使油、水均勻混合。

第四節　蛋的食譜

一、火腿乳酪恩利蛋

1.材料：蛋6個、火腿絲60公克、切達起司（切丁）60公克、奶油3大匙、無糖鮮奶油3大匙、鹽1小匙、白胡椒粉1/4小匙。

2.做法：

(1)蛋去外殼，加入無糖鮮奶油、鹽、白胡椒粉拌勻。

(2)平鍋放奶油融化，將一半蛋液倒入平鍋至底部凝固，中央放火腿絲、乳酪丁，將蛋皮由外往內捲成橄欖形，以小火煎至兩面微黃。

二、炒蛋附脆培根及番茄

1.材料：蛋6個、無糖鮮奶油杯、鹽1小匙、培根6片、小番茄（切半）6顆、奶油1大匙、鹽1小匙、白胡椒粉1/4小匙。

2.做法：

(1)培根煎成酥脆狀，將培根油拌炒小黃瓜，加鹽、白胡椒粉調味。

(2)蛋去外殼放入鋼盆，加入無糖鮮奶油拌勻過濾。

(3)鍋中放奶油1大匙，油熱倒入一半蛋汁快速攪拌到蛋汁凝固（3個蛋做成1份）。

(4)供應時炒蛋附上脆培根及番茄。

三、焦糖布丁

1.材料：蛋5個、鮮奶2杯、細砂糖1/3杯、香草精1小匙、焦糖：白糖1/2杯、水1杯、奶油1大匙。

2.做法：

(1)白糖、水、奶油在煮鍋中熬煮成焦糖。

(2)蛋液加鮮奶打勻，拌入細砂糖、香草精，以過濾網過濾。

(3)布丁模型拌上奶油，倒入蛋液，烤盤中放水，將布丁放上以160℃烤40分鐘。

四、煎恩利蛋

1.材料：雞蛋6個、無糖鮮奶油1/4杯、鹽1小匙、白胡椒粉1/2小匙、沙拉油2大匙、奶油2大匙。

2.做法：

(1)蛋去外殼，放入鋼盆，加入無糖鮮奶油、鹽、胡椒粉拌勻過濾。

(2)平鍋中熱沙拉油至微熱，再加入奶油融化，將一半蛋液倒入至凝固狀，將蛋皮由外向內捲緊成橄欖形，至兩面成金黃色。

五、西班牙恩利蛋

1.材料：雞蛋6個、奶油1大匙、洋蔥（切碎）40公克、煮熟馬鈴薯丁60公克、火腿丁20公克、番茄丁半杯、鹽1小匙、白胡椒粉1/2小匙、香芹（切碎）1大匙、黑橄欖（切片）2大匙。

2.做法：

(1)蛋去外殼，加鹽、白胡椒粉拌勻。

(2)以奶油熱鍋，放入洋蔥炒蛋，加入煮熟馬鈴薯丁、火腿丁、番茄丁拌勻，以鹽、白胡椒粉調味。

(3)以乾淨平底鍋熱奶油，將蛋液倒入至快凝固，加上炒熱的配料，連平底鍋入180℃烤5分鐘，出烤箱撒上切碎香芹及黑橄欖片。

六、煎餅

1.材料：高筋麵粉1杯、鹽1/8小匙、細砂糖1/4杯、泡打粉1大匙、蛋黃1個、牛奶1/2杯、蛋白（打發）1個、奶油1大匙、楓糖漿2大匙。

2.做法：

　(1)高筋麵粉與泡打粉混合過篩，加鹽、細砂糖、牛奶、蛋黃、打發蛋白
　　　拌勻。

　(2)平鍋加熱，將麵糊一大匙放入，小火煎至底部金黃，翻面煎黃即可。

　(3)供應時附上奶油及楓糖漿。

第十章
肉　類

第一節　肉的種類

一、豬肉（Pork）

台灣原來的豬種為桃園、美濃地區所生產的黑毛豬，後來引進白毛豬如藍瑞斯、大約克、漢布夏。黑毛豬常以廚餘來飼養，一般養180天，肥肉多、瘦肉少，肉質較甜，現市面上以黑毛豬肉單價較高。白毛豬則瘦肉較多，肥肉沒黑毛豬多。

豬肉以色澤明亮、組織細緻呈淡粉紅色、用手按壓能迅速恢復原狀為佳，白色的脂肪分布均勻，肉上沒有顆粒及肉瘤，且無腥味與汁液，豬皮平滑。豬肉幾乎各部位的肉都很嫩，可以適用於燒烤或火烤在烹調時必須將豬肉煮到全熟，使寄生蟲（旋毛蟲）的危害降低，否則寄生蟲會進入肌肉中繼續生長。

二、牛肉（Beef）

最好的牛隻大約飼養至18-21個月屠宰。

三、小牛肉（Veal）

小牛肉是三個月以下的酪牛肉。小牛在成長過程中只餵食牛奶，脂肪較少。小牛肉可以用肉色來判斷品質，顏色越白表示餵養牛奶較多，肉質比較柔嫩，骨頭顏色帶點粉紅的白色，有孔洞且在組織中有少量的血液；較成熟的小牛肉為粉紅色，並帶乳白色脂肪。三個月至八個月大的小牛（Calf）牛隻，全部或部分餵食飼料，其肉質顏色呈灰紅色

四、羔羊及羊肉（Lamb and Mutton）

三至五個月大的綿羊（Sheep）稱為小羔羊（Baby Lamb），五個

月到一歲稱爲羔羊（Lamb），而羊肉（Mutton）是指超過一歲的羊。羊肉等級決定於品質及年齡，五個月到七個月羔羊的肉質最嫩品質最好，屠體通常重量介於35磅至65磅之間。品質標準根據肉和脂肪的結構、顏色及結實度：羔羊（Lamb）的顏色比牛肉亮，切開的肉色爲粉紅色，而羊肉（Mutton）的顏色較深；好的羊肉組織應該有如絲絨狀態，脂肪呈現薄層狀平均分布且質地堅硬，顏色爲潔淨的白色，骨頭的切面多孔洞且呈粉紅色。澳洲和紐西蘭是羊肉的主要生產國，羔羊品質最優良。

五、雞肉

雞在台灣人的飲食占有重要的地位，台灣本地雞爲土雞，肉質韌，飼養三至四個月；蛋雞則用來下蛋之用，飼養約一年半左右。

六、火雞肉

火雞常須飼養一年，幼子期三個月內不能讓蚊子叮到頭部，否則頭部會爛掉甚而死亡。由於飼養時間長因此肉質較老。

第二節　肉的營養

牛肉的營養十分豐富，是優質蛋白質的來源，具備身體發育及修補組織所需的營養素，對身體虛弱及營養不良的人有很大的幫助，尤其是含豐富鐵質可預防貧血。牛肉可食部位的肌肉組成包含70%水分、20%蛋白質、9%脂肪及1%灰分。依種類及部位的不同，脂肪含量亦不同；脂肪紋路可增加肉的美味、多汁及柔軟的口感。但若動物體太肥，在脂肪紋路中一些水分和蛋白質會被脂肪取代，導致脂肪存在肌肉纖維內的紋理和血管中。

家禽屬白肉，白肉較容易消化，包含動物蛋白、脂肪、維生素和礦物質。家禽主要分為兩大類：肉較白的家禽，如雞和火雞；肉較暗的家禽，如鴨、鵝、珠雞和鴿子。但肉的顏色不會影響它的品質，其中小鴿子肉的品質是家禽類中口感最好的。

第三節　肉的組織

肉含有肌纖維（瘦肉）、脂肪（肥肉）、結締組織（筋、韌帶）及骨頭。

一、肌纖維

即瘦肉，肌纖維的長短視餵養的時間有所不同，畜養時間長纖維長，台灣吃的豬肉要180天，土雞3-4個月，肉雞3個月，牛肉則18-21個月。

二、脂肪

即肥肉，品質好的肉則肌肉中有油脂均勻地分布著。

三、結締組織

在肉的皮與筋中，經加水、加熱會使結締組織軟化形成明膠。

四、骨頭

越年輕的動物骨頭成粉紅色，越老的骨頭成白色。

第四節　肉的部位及適用的烹調方法

一、家畜

家畜為四肢腳的動物，在台灣以豬肉吃得最多，牛肉、羊肉吃得不多。

(一)豬肉

1. 里肌肉（Loin）：肉質滑嫩，脂肪分布均勻，使用時要先將筋絡切除，很適合切成肉排燒烤或烘烤。

2. 嫩里肌肉（Fillet）：從里肌肉內側切出的不帶骨瘦肉，也稱為豬菲利或小里肌，適合燒烤或油炸。

3. 肩胛肉（Shoulder）：豬的前腿肩胛肉，是最常運動到的部位，肌肉纖維較粗，筋多，嫩中帶咬勁，適合煎烤。

4. 腹肉（Breast）：也稱五花肉，油脂含量高，適合切塊長時間燉煮。整塊腹肉的瘦肉和肥肉交錯成三層，通常會做成培根；腹肉中帶骨部位就是肋條，通常用來做烤肉。

5. 腿部（Leg）：後腿脂肪少，切成薄片的腿肉片是各式料理中最常使用的食材，常用在煎炒或燒烤上，而腿肉塊也很適合用來做豬排。

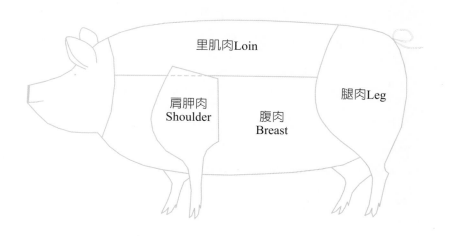

表10-1　豬肉各部位最適烹調方式

部位		處理方式
頭		鹽製，煮
肩部	肩胛肉	烤，燴，煙燻，鹽漬
	脂肪	煮，香腸絞肉
腰部	里肌肉	鹽漬，煙燻，烤，肉排
	嫩里肌肉	烤，薄片
	肉排	烘烤，煎，火烤
	頸肉	烘烤，燴
	腹肉	培根，鹽漬，煙燻
腿部	火腿	鹽漬，煙燻
	頭刀	烤，薄片
	腿肉	烤，薄片
	臀肉	烤
舌		鹽漬，煮
腦		薄片
肝，腎		薄片
腳		鹽漬，煮

(二)豬肉加工品

　1.培根

　　培根通常是使用胸腹肉，因爲胸腹肉的脂肪含量高，先以鹽醃漬加工保存後再乾燥及煙燻，或是泡鹽水後直接去煙燻。培根不可以出現濕黏的狀態，味道以煙燻爲主，不可有不好聞的味道。瘦肉結實爲較深的粉紅色，脂肪呈白色，質地滑順，且不超過瘦肉的比例。

　2.火腿

　　火腿是使用豬的後腿肉，由臀骨部位切割下來，經過鹽水醃

漬，然後再乾燥及煙燻。火腿的種類會因地方口味、原料及加工技術的不同而有差異，最受歡迎的英式火腿有York、Suffold及Braden Ham，在法國的每一區也幾乎都有自己的火腿，而Bayonne火腿是其中最有名的一種，產於義大利的Parma火腿是品質很好的生火腿。

(三)牛肉

牛肉各部位介紹：

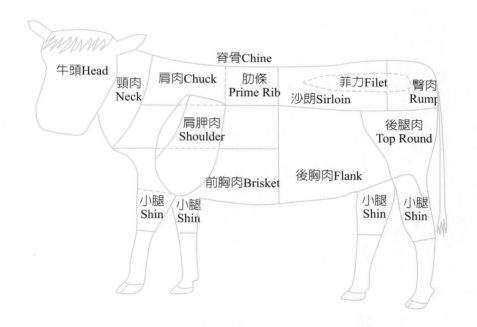

1.頸肉（Neck）：肉質帶筋，脂肪較少，硬度較高，適合長時間地燜煮及燉湯或者作為絞肉。

2.肩肉（Chuck）：又稱肩里肌肉，此部位筋稍多，含有適量脂肪，適合切薄片做燒烤。

3.肩胛肉（Shoulder）：此部位運動頻繁，肉質結實，脂肪較少，但肉味較甘甜，適合煮湯或燉煮。

4.肋條（Prime Rib）：稍帶筋，肉質較細，適合做燒烤或燉煮。

5. 前胸肉（Brisket）：又稱牛腩，此部位筋膜及纖維質多，主要由肥肉和瘦肉交疊而成，肉質較厚，且硬度高，需要加水長時間烹調，適合用在燉煮方式料理。

6. 沙朗（Sirloin）：肉質細緻而柔軟，脂肪含量較菲力高，口感較不乾澀，整條沙朗可分切成不同種類的牛排，適合用燒烤的方式烹調；而沙朗的中段含有T字形肋骨，因此切割下來的牛排稱為丁骨牛排，適合油炸或燒烤。

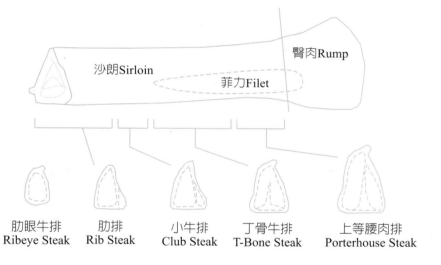

肋眼牛排	肋排	小牛排	丁骨牛排	上等腰肉排
Ribeye Steak	Rib Steak	Club Steak	T-Bone Steak	Porterhouse Steak

7. 菲力（Filet）：切割自背部的柔嫩瘦肉，是整條牛最佳的部位。此部位運動量最少，因此肉質鮮嫩細緻，幾乎不含脂肪，適合做燒烤或油炸等牛排料理；但不宜加熱太久，會導致肉質變硬。

8. 臀肉（Rump）：腰部連著沙朗後面臀部的肉，脂肪含量少，口感較澀，大部分的料理都適用，常用在平價的燒烤牛排。

9. 後胸肉（Flank）：質厚，油脂含量多，且肥肉和瘦肉交錯，形成霜降，適合燒烤或燉煮。

10. 後腿肉（Top Round）：脂肪含量少，肉質粗糙，可用在燒烤肉片，或小火慢燉之烹調。

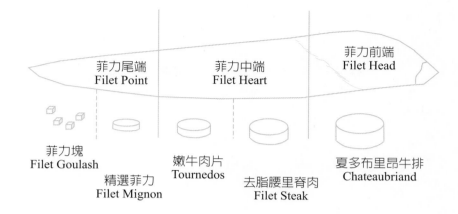

菲力尾端
Filet Point

菲力中端
Filet Heart

菲力前端
Filet Head

菲力塊
Filet Goulash

精選菲力
Filet Mignon

嫩牛肉片
Tournedos

去脂腰里脊肉
Filet Steak

夏多布里昂牛排
Chateaubriand

11.小腿（Shin）：小腿部位爲腱子肉，其中含豐富膠質，且帶
筋，油脂雖少但經長時間燉煮後，肉質柔細嚼感十足。

表10-2　牛肉各部位最適烹調方式

部位Part		處理方式Usage
頸肉Neck		絞肉Minced
肩肉Chuck		燴Stew、燒烤Grille
肋條Prime Rib		烘烤Roast、燒烤Grille
肋眼Rib Eye		烤Roast、蒸Steam
肩胛肉Shoulder		燜煮Braise、煮Boil、蒸Steam
前胸肉Brisket		煮Boil
沙朗Sirloin		燒烤Grille
菲力Filet		燒烤Grille
臀肉Rump		烤Roast、燒烤Grille
後胸肉Flank		絞碎Minced、燒烤Grille、燉Poeler
後腿肉Round	頭刀Topside	煮Boil、蒸Steam
	臀肉Silverside	蒸Steam
	腿肉Round	絞碎Minced
小腿Shin	腱子Shank	烤Roast、全部Whole

㈣小牛肉（Veal）

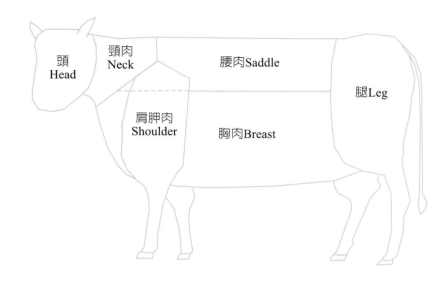

㈤羔羊及羊肉（Lamb and Mutton）

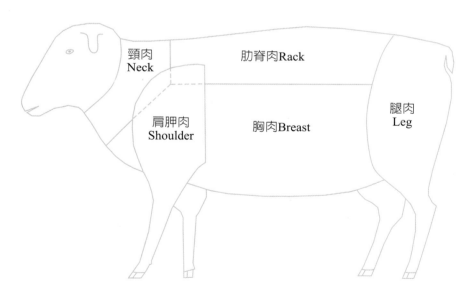

表10-3 羊肉各部位最適烹調方式

部位Part	處理方式Usage
頸肉Neck	燴Stew
肩胛肉Shoulder	烤Roast、燴Stew、煮Boiled
胸肉Breast	燉Stew (Irish Stew) Curry (Epigramme)
羊小排Cutlets	肉排Cutlets
肋脊肉Rack	單面烤One Side Roast、肋排Chop
脊骨肉Saddle	烤Whole Roast
腿肉Leg	烤Roast、燜Braised、煮Boiled、羊排Steak

1.頸肉（Neck）：頸肉通常整塊出售，可切成小塊慢火燉煮。
2.肋脊肉（Rack）：前段帶骨為肋排，肉質柔軟，通常用在燒烤或油炸；後段未帶骨為里肌肉，肉質嫩，脂肪含量較少，適合串燒或燒烤。
3.肩胛肉（Shoulder）：肉質較結實，筋比較多，可以帶骨燒烤，也可去骨後串燒或燉煮。
4.腹肉（Breast）：羊腹部的肉，脂肪含量較高，適合長時間加水燉煮或慢火燒烤。
5.腿部（Leg）：帶骨部分適做燒烤用，去骨的可以用來做串燒或烤肉。

<h1 style="text-align:center">第五節　肉的烹調</h1>

一、家畜

(一)豬肉

　　台灣豬肉的切割分為頭部、肩胛部、腹肋部、背脊部、後腿部，

內臟如豬肚、豬肝、豬腸、豬腎均被人們食用。頭部、腹肋部、後腿部肉質較韌常用濕熱法來烹調，背脊部以乾熱法烹調，肩胛部則乾熱與濕熱法均可。

(二)牛肉

台灣所產的牛為台灣黃牛，原本用來耕種。由於台灣人宗教信仰很少屠宰牛隻，現在人們食用的牛肉大多靠美國、加拿大、澳洲進口。台灣人喜好用牛肉烹煮牛肉麵，早期使用牛腩，但因牛腩肥油多，現大多用牛腱肉，此部位瘦肉及筋多，經水烹煮後形成多筋的瘦肉。

製作牛排之牛肉則以牛里肌、丁骨牛排、肋排、菲力、沙朗為主。選用牛排之肉質，應選油脂均勻散布在瘦肉間，呈大理石紋的霜降牛肉，經烤焙後油滴會濕潤在瘦肉中，成為多汁的肉質。好的牛排，牛肉入口即化，價格則不便宜。

(三)羊肉

台灣羊產量少，羊肉大多靠紐西蘭、澳洲進口而來。羊肉的脂肪較少，會吃羊肉者大多吃羊皮，將羊肉連皮燉煮皮成乳糜化，具有膠質，羊排則以烤或煎來食用。

不同的肉類有不同的顏色與氣味，牛肉、羊肉的顏色比豬肉色深，氣味較重，肉品是否會有瘦肉精須經政府協助檢驗。

二、家禽

家禽類可以用以下的方法烹調：煮（Boiled）、低溫煮（Poached）、烘烤（Roasted）、燒烤（Grilled）、炸（Deep Fat Fried）、燴（Stewed）、煎（Sauteed）、燉（Poeles）、串烤（Roast on the Spit）。但雞肉在高溫下會迅速緊縮，所以烹煮方式依雞隻年齡大小而定：幼雞可以燒烤、煎或油炸，但老雞則適用長時間小火燜煮

的方式。

台灣人食用的家禽有雞、鴨、鵝、火雞等,現分述如下:

(一)雞（Chicken）

台灣本地雞為土雞,肉質韌,因此常用來做燉煮;蛋雞飼養約一年半左右,至不能下蛋時用來燉煮做高湯之用;肉雞則肉質肥厚用來做烤雞、炸雞較適宜。

(二)鴨（Duck）

鴨有菜鴨、正番鴨、北京鴨、土番鴨:菜鴨用來產蛋用,正番鴨、土番鴨用來燉煮,北京鴨用來做烤鴨。

鴨的骨架很大,脂肪也較多,重量約1.5-1.8公斤的鴨子最適合燒烤。另外,鴨骨是熬高的上好材料。

(三)鵝（Goose）

鵝有中國鵝、獅頭鵝、愛姆登鵝、白羅曼鵝:中國鵝肉質細緻、脂肪少,為一般人所喜愛;愛姆登鵝肉質肥厚,常用來烹煮。

大型家禽的肉質較硬,脂肪也多,但年輕鵝的肉質細緻且柔嫩,適合用在燒烤烹調。在法國飼養鵝的目的是取鵝的肝臟,用來做法式鵝肝醬（pate de foie grass）。

(四)火雞（Turkey）

火雞常須飼養一年,由於飼養時間長因此肉質較老。

火雞是美國聖誕節及感恩節餐桌上必備的傳統食物,火雞的重量差異甚大,範圍介於2-13公斤。較年輕的火雞體型較小,適合用來燒烤;成雞肉質通常較硬,適合加在湯裡熬煮。

(五)鴿子（Pigeon）

四週大的幼鴿最適合用來做料理,重量約350-700公克之間,取出內臟後可以燒烤、煎或慢燉

表10-4 各種家禽最適烹調方式

種類 Species	描述 Description	處理方式 Usage	平均重量 （公克） Average Weight(g)	季節 Season
小雞 Chick	家禽中最小的（一個月大小的雞）	烘烤Roasting	300-420	春季
小公（母）雞 Cockerel	介於小雞和春雞之間	烘烤Roasting	300-480	春季
春雞 Spring Chicken	十週以下的公（母）雞	烘烤Roasting 燒烤Grilling 炸Deep Fat Fried	550-900	夏季
肉雞 Chicken	雞肉肉質佳，脂肪層光滑且胸骨平順	烘烤Roasting 燒烤Grilling 串烤Spit Roast	1000-1800	夏季 秋季
肉用母雞 Poularde	繁殖過的母雞	烘烤Roasting 燉Poeler 燒烤Grilling	1800-2900	秋季 冬季
閹雞 Capon	經過人工閹割的小公雞	烘烤Roasting 燉Poeler 燒烤Grilling	2250-2800	秋季 冬季
母雞 Hen	成熟的母雞（少於十個月），肉質較公雞硬	煮成雞湯或原汁肉塊	1500-2500	全年
火雞 Turkey	通常用燒烤，火雞肉比肉用母雞乾，在取火雞肉時要特別小心	烘烤Roasting	2000	冬季
珠雞 Guinea Fowl	肉用母雞和珠雞是最常食用的家禽類	燒烤Grilling	700-1000	秋季 春季
小鴨 Duckling	來自法國Nantes及Rouen	烘烤Roasting 燜Braising	1350-1700	秋季 春季
鴨 Duck	適用在烘烤，且烤至半熟，鴨肉中仍保有血色	烘烤Roasting	1800-2700	

種類 Species	描述 Description	處理方式 Usage	平均重量 （公克） Average Weight(g)	季節 Season
小鵝 Gosling	養超過五個月的小鵝，重量大約4000公克		2000-4000	九月
鵝 Goose	食用一歲的鵝	烘烤Roasted 燜Braised	4000-6000	一月
鴿子 Pigeon	鴿子肉像鵝肉，小鴿子為白肉較嫩，成熟的鴿子為紅肉，常用在熬湯	燒烤Grilling 燉Poeler	幼鴿350-700	

第六節　肉的保存

　　肉類蛋白質含量高，新鮮肉買回來一定速予冷藏或冷凍，冷藏在2-3天內用完，冷凍則2-3個月用完。冷藏因酵素會將蛋白質分解成胺基酸，使肉嫩度增加。冷凍則因酵素分解作用停止，蛋白質分解作用無法繼續進行，但脂肪酵素分解作用仍繼續進行，因此冷凍肉貯存時間也不宜太久，會使油脂氧化而造成長期冷凍貯存絞肉產生油耗味。

　　由於怕禽流感，台灣禁止在市場上屠宰家禽。政府也協助業者將家禽的切割訂立標準，不同部位、不同重量有不同的編號，方便大團膳業者訂購。一般消費者在超市購買時也有一定部位、規格的肉品，市場上零售時消費者則需要依購買的肉品外觀、顏色、氣味來購買。新鮮的肉品有正常的肉色，沒有不正常的味道。由於肉類為含高蛋白質的食物，當它腐敗時氣味會有惡臭，煮熟會有腐敗的氣味，根本難以下嚥。

一、豬肉（Pork）

　　培根及火腿是常見的豬肉加工品，為了防止腐敗，將肉類用風

乾、鹽醃或煙燻的方法減少水分含量，以增加保存時間。加工過程中會在豬肉中添加硝酸鹽，食用培根及火腿時最好搭配富含維生素C的蔬果，可抑制亞硝胺的形成。市面上的火腿種類繁多，在各個國家也有不同的產品，但大部分的做法雷同，先抹鹽或泡鹽水，再拿去煙燻，然後放置一段時間讓肉成熟。

二、牛肉（Beef）

屠宰後牛肉的外觀必須完整且乾淨，用手按壓肉塊時，凹陷處能立刻復原。品質好的牛肉要結實，顏色呈現鮮豔深紅色，脂肪柔軟為奶油色或白色。儲存溫度須低於4℃以下；因為微生物會導致食物產生疾病，其生長溫度介於4℃至60℃之間。因此，肉類須儲藏在0℃至4℃之間，在這個溫度下會抑制黴菌和細菌生長。而真空或冷凍包裝，對肉類品質控制最佳。

三、小牛肉（Veal）

小牛肉的切割方法和一般牛肉相同，但濕度高且脂肪覆蓋得很少，儲存溫度介於-3℃到2℃，儲存約5至6天。

四、家禽Poultry

在市面上販售的家禽類有許多種類，尤其是指養來食用的家禽類，像雞、鴨、鵝、火雞、珠雞和鴿子，現今的家禽肉比其他動物或鳥類的肉更受歡迎。高等級的家禽肉，不論是冷凍或新鮮，品質特性須保持肉品完整且無缺陷。買回來新鮮的家禽應該儲藏在1℃到3℃冷藏溫度下，濕度介於70%到75%之間，並在兩、三天內食用完；或是置入冷凍庫裡冷凍保存。家禽肉解凍時，最好放在冷藏室裡慢慢解凍，或是密封放在冷水中，以流水解凍。

第七節　肉的食譜

(一)佛羅倫斯雞胸

1. 材料：雞胸肉1斤、鹽1小匙、白胡椒粉1/2小匙、奶油2大匙、紅蔥頭（切碎）1大匙、麵粉2大匙、白酒1/2杯、雞高湯2杯、葛利亞起司（切碎）100公克、帕美森起司粉3大匙。

2. 做法：

   (1)雞胸肉切成六片，以鹽、白胡椒粉醃漬，鍋中熱油將雞胸肉放入兩面煎黃，放入烤箱180℃烤10分鐘。

   (2)鍋中熱奶油，放入切碎紅蘿蔔炒香，加入麵粉炒成金黃色，倒入白酒、雞高湯，攪拌至稠，加入葛利亞起司融化，加鹽、白胡椒粉調味。

   (3)雞胸肉放鹽中，淋上起司奶油醬汁，撒上帕美森起司粉，放入明火烤箱烤上色。

(二)馬鈴薯烤雞

1. 材料：雞1隻（約2公斤）、鹽1小匙、胡椒粉1/2匙、檸檬汁1/4杯、奶油1/4杯、紅椒粉1/4小匙、水1杯、馬鈴薯（削皮）4個。

2. 做法：

   (1)雞洗淨，將鹽、胡椒粉、檸檬汁、奶油、紅椒粉拌勻塗抹於雞的內外，將雞放烤架，以170℃烤40分鐘。

   (2)將削皮後的馬鈴薯4個放於雞旁，加水1杯，再烤40分鐘至馬鈴薯熟軟。

(三)原汁烤全雞附煎烤馬鈴薯

1.材料：全雞2公斤、香料：（奶油2大匙、百里香2公克、月桂葉3片、切碎迷迭香5公克）、調味用蔬菜（洋蔥丁1/2杯、紅蘿蔔丁1/4杯、西洋芹丁1/4杯）、鹽1小匙、白胡椒粉1/2小匙、馬鈴薯1斤、奶油1大匙、鹽1小匙、白胡椒粉1/2小匙。

2.做法：

(1)香料調味用蔬菜、鹽、白胡椒粉拌勻。

(2)將全雞去頭及爪，將一半調味用蔬菜塞入雞腹腔用棉線綁好。

(3)另一半調味蔬菜放烤盤，放上全雞，以180℃烤80分鐘，至雞熟。

4.馬鈴薯削除外皮，削成橄欖球形，入水中汆燙再用奶油煎至上色，再放入烤箱中烤至金黃色。

(四)烤牛里肉條（Beef Brisket Barbecue）

1.材料：牛里肌2公斤、鹽1小匙、番茄醬1/2杯、醋1/4杯、切碎洋蔥1/2杯、烏斯特辣醬1大匙、月桂葉1葉、胡椒粉1/4小匙。

2.做法：

(1)牛里肌整條抹上鹽，將肉條放在鋁箔紙上。

(2)番茄醬、醋、切碎洋蔥、烏斯特辣醬、肉桂葉、胡椒粉拌勻，放於牛里肌肉條上，將鋁箔包好。

(3)以上火烤1小時至肉熟。

(五)洋菇煎豬排附橄欖形紅蘿蔔

1.材料：豬排1/2公斤、醃肉料（太白粉1/2大匙、麵粉1/2大匙、鹽1/2小匙、白胡椒粉1/4小匙）、奶油1/2大匙、洋菇片4兩、洋蔥末2大匙、雞高

湯1.5杯、紅蘿蔔4兩、無糖鮮奶油1/4杯。

2. 做法：

(1)豬排切成六片加鹽、白胡椒粉、太白粉、麵粉拌醃。

(2)紅蘿蔔削除外皮洗淨，切成5公分長，刻成橄欖形，約12顆，加入雞高湯中煮軟，加鹽、白胡椒粉調味。

(3)將豬排用奶油煎成金黃色，取出。

(4)用同一煎鍋放入洋蔥末、洋菇片，加入雞高湯煮滾，加入豬排以小火燜煮20分鐘，將豬排放鹽中，煎鍋中加入無糖鮮奶油，加鹽、白胡椒粉調味。

(5)盤中放豬排，淋上洋菇洋蔥醬，附上橄欖形的紅蘿蔔。

(六)煎豬排

1. 材料：豬里肌1/2斤、醃肉料（鹽1/2小匙、白胡椒粉1/4小匙、白葡萄酒1/8杯、麵粉1/2大匙、太白粉1/4大匙）、奶油1大匙。

2. 做法：

(1)豬里肌肉切成三片。

(2)里肌肉片加鹽、白胡椒粉、白葡萄酒、麵粉、太白粉拌醃。

(3)鍋中熱油，油熱放入里肌肉片兩面煎黃。

(七)藍帶豬排附炸圓柱形馬鈴薯泥

1. 材料：豬里肌肉1/2公斤、鹽1/2小匙、白胡椒粉1/4小匙、切達起司片3片、火腿片3片、麵粉1.5大匙、蛋2顆、麵包粉1/4杯、奶油3大匙、馬鈴薯4兩、奧利岡1公克、無糖鮮奶油1大匙、鹽1/2小匙、白胡椒粉1/4小匙。

2.做法：

⑴豬里肌肉切一刀不斷一刀切斷成蝴蝶片，撒上鹽與胡椒粉，中間放入
一片切達起司及火腿片。

⑵將豬排先沾麵粉，再沾蛋液外塗麵包粉。

⑶鍋中融化奶油，油熱放入豬排煎至金黃色，入180℃烤箱烤15分鐘至
熟。

⑷馬鈴薯洗淨入水中煮至馬鈴薯，剝除外皮，壓成泥拌入奧利岡、無糖
鮮奶油、鹽、胡椒粉，做成3個圓柱形，再沾麵粉、蛋液及麵包粉，入
200℃油中炸至金黃色即可。

⑸供應時將藍帶豬排放鹽中，旁放炸好的圓柱形馬鈴薯。

(八)羅宋炒牛肉附菠菜麵疙瘩

1.材料：牛里肌半公斤、醃料（鹽1小匙、黑胡椒粉1/2小匙、百里香1小
匙、洋蔥片30公克、紅蔥頭（切碎）2大匙、月桂葉1片、紅酒1/2杯）、
奶油2大匙、洋菇片1/2杯、牛骨汁1/2杯、高筋麵粉1杯、牛奶1/4杯、菠
菜泥1杯、鹽1小匙、白胡椒粉1/2小匙、奶油1大匙。

2.做法：

⑴牛里肌肉切片加鹽、黑胡椒粉、百里香、洋蔥片、紅蔥頭、月桂葉、
紅酒醃漬2小時，濾乾備用。

⑵以奶油熱鍋，炒洋蔥片及洋菇片，加入牛骨汁慢煮至汁少加入牛肉片
拌勻，加鹽、胡椒粉調味。

⑶高筋麵粉加入牛奶、菠菜泥、鹽、白胡椒粉拌勻，醒20分鐘，待麵粉
完全吸收，將麵疙瘩放入濾網中篩入滾水煮成一粒粒麵疙瘩，煮熱撈
起，拌入奶油、鹽、白胡椒粉。

⑷供應時將牛肉放盤中，附上菠菜麵疙瘩。

㈨紅酒燴牛肉附奶油雞蛋麵

1. 材料：牛腩1公斤、調味蔬菜（紅蘿蔔50公克、西洋芹2支、香芹梗1支）、月桂葉1片、百里香2公克、洋蔥（切碎）60公克、紅酒1杯、奶油1大匙、牛骨肉汁1杯、紅蘿蔔塊100公克、奶油1大匙、水4杯、雞蛋麵半斤、鹽1小匙。

2. 做法：

    (1)牛腩切塊。調味用蔬菜（紅蘿蔔、西洋芹、香菜梗）綁成束。

    (2)鍋中熱奶油，將切碎洋蔥放入炒者，加入牛腩塊、紅蘿蔔塊、調味用蔬菜束、月桂葉、百里香、紅酒、牛骨肉汁燜煮至牛腩軟，取出調味用蔬菜束，加鹽、白胡椒粉調味。

    (3)鍋中煮水，水滾放入麵條煮軟撈起，用少許奶油、鹽調味。

    (4)供應盤放燴煮好的牛肉及雞蛋麵即可。

㈩咖哩雞

1. 材料：帶骨雞肉250公克、洋蔥50公克、紅蘿蔔75公克、馬鈴薯75公克、咖哩粉15公克、椰奶90公克、雞高湯1/2杯、月桂葉1片、香菜1支、橄欖油2大匙。

2. 醃料：胡椒粉1/2小匙、鹽1/4小匙、麵粉2大匙。

3. 做法：雞肉加醃料醃，鍋中熱橄欖油將雞肉煎至金黃色，取出鍋中油先炒咖哩粉、香菜、洋蔥、月桂葉加入雞高湯，加入紅蘿蔔、雞肉塊、馬鈴薯，至馬鈴薯軟熟，加椰奶、胡椒粉、鹽調味。

(土)黑啤酒燉豬肉

1. 材料：梅花肉250公克、洋蔥塊60公克、西洋芹40公克、紅蘿蔔40公克、
   洋菇40公克。

2. 香料：月桂葉1片、黑啤酒1杯、白色高湯1杯。

3. 醃肉料：胡椒1小匙、鹽1/2小匙、麵粉4大匙。

4. 做法：

   (1)梅花肉切塊，加醃肉拌醃。

   (2)以橄欖油煎梅花肉塊，煎至焦黃起鍋。

   (3)剩下油爆香洋蔥、西洋芹、紅蘿蔔、洋菇、月桂葉，加入黑啤酒煮
      軟，加入白色高湯，以慢火煮軟，附馬鈴薯泥。

第十一章
海鮮類

第一節　海鮮的分類

　　海鮮主要可分爲魚類、貝殼類及軟體動物（Seafood Shell and Mollusks）三種。魚類分爲淡水魚（freshwater fish）和海水魚（saltwater fish），貝殼類分爲貝類、甲殼類、頭足類及軟體動物。

一、淡水魚（Freshwater Fish）

(一)鰻魚（eel）

鰻魚外形像一條蛇，因脂肪含量高，故中型鰻魚的口感最好。鰻魚在幼年時期會離開海洋到淡水區域成長，最長可長到5呎長；至成熟期後，會再游回海中繁衍下一代，此時長度最長可到8呎。

(二)虹鱒（Rainbow Trout）

原產於太平洋，現在也有養殖業者養殖，野生的虹鱒最大可長到2呎長。欲判斷虹鱒野生與否可從魚的身體兩側的顏色來判斷，若顏色明亮則爲野生物種。

(三)鮭魚（Salmon）

鮭魚生長在北半球的冷水海域，牠的肉呈粉紅色或深紅色。鮭魚多半在海洋生長，但在產卵期間（約十月至隔年八月，視品種而定）會游回沿海溪流產卵。最佳鮭魚品質重量是在15磅至30磅之間。

(四)鱘魚（Sturgeon）

鱘魚主要是在黑海、裡海捕獲，牠的背部是灰色，身體兩側爲銀灰色其腹部爲白色，嘴巴張開時可像鏟子般大小，在淡水的環境中生長。

(五)鯰魚（Sheat Fish/Wells）

鯰魚在歐洲淡水區域裡是大小僅次於鱘魚的魚類，其重量可達

300-400磅，生活在湖底（或河底），以小魚、螃蟹和青蛙爲食物。

二、海水魚（Saltwater Fish）

㈠鯡魚（Herring）

鯡魚可長達16吋長，在大西洋及太平洋都找得到，價格既便宜，又富含脂肪與蛋白質。

㈡鯖魚（Mackerel）

又名青花魚，是富含脂肪的魚種，最大可到2吋長，普遍在市場看到的長度約10-12吋。魚肉色，且肌肉結構組織良好。

㈢鮪魚（Tuna Fish）

又名金槍魚，體重最重可重達0.5噸。鮪魚的經濟價值很高，肉可分爲紅色和白色，其中紅肉是因爲肌肉中含大量的肌紅蛋白所致。

㈣檬鰈／檸檬鰨（Lemon Sole）

形狀扁平，行動沒有其他品種敏捷，可長到15吋左右，表面是棕紅色且有黑色大理石花紋。檬鰈的骨頭比其他品種易碎，因此不容易做切片處理，最佳品嘗期爲十二月至三月。

㈤比目魚（Turbot）

比目魚也是扁體魚的一種，骨頭如石頭般堅硬是其特徵，外表顏色爲棕色、腹部爲白色。

三、甲殼類（Crustaceans）

甲殼類的物種相當多樣化，像是各品種的龍蝦、藤壺、蝦、螃蟹都是，牠們的特色是擁有在頭胸部有五對前足，通常第一對前足是以防衛爲主要功能，另稱爲「螯」，身體則由堅硬的「外骨骼」所包

覆。在購買甲殼類的產品時，最好是買活的海產，摸起來應該是乾硬的，如果摸起來是乾軟的表示不新鮮。

(一)螃蟹（Crab）

螃蟹種類很多，像是寄居蟹、蜘蛛蟹或是在大西洋產量很豐厚的藍蟹、以太平洋沿岸和阿拉斯加為據點的帝王蟹等。

(二)小龍蝦／淡水龍蝦（Ecrevisse/crayfish）

小龍蝦生長在淡水區域，屬淡水蝦類，因此又有「淡水龍蝦」的別名。主要是在湖泊或低地溪流生長，身體是黑棕色；而在沼澤也可以發現其蹤影，顏色則是藍綠色。

(三)龍蝦（Lobster）

龍蝦和小龍蝦外形很相像，不過體型比小龍蝦大很多，肉質也比小龍蝦好，品質最好的是重量達0.5-1公斤。要讓活龍蝦維持新鮮度必須要在耐熱、耐寒且潮濕的情況下輸送。

(四)棘刺龍蝦（Spiny Lobster）

棘刺龍蝦有長長的觸鬚，和龍蝦不同的是牠沒有大大的螯，其身體帶一些黃色及紫羅蘭紅的斑點，可在地中海、紐西蘭及澳洲外海、英國、南非等見其蹤影。

四、軟體動物（Shellfish and Mollusks）

貝類屬於軟體動物的一種，牠由兩片貝殼將身體包覆，牠們居住在沿岸水底，外形像卵般的橢圓狀。新鮮的貝類一定是閉合的，且聞起來有海水味，唯有加熱過後才會把開口打開；若在選購時看見貝類的殼已打開，快速觸碰時不會馬上閉合，表示該貝類已死亡或不新鮮。

(一)牡蠣（Oyster）

牡蠣非常美味，牠通常會聚集在岩石或一條條的椿柱裡成長。生

長期間有淡水流入的話會影響牡蠣整體的風味與口感；在五月或八月採收的牡蠣口感最差，且容易腐敗。牡蠣的尺寸、口感和風味相當多元，在挑選牡蠣時，外殼緊閉表示新鮮，若外殼已張開則表示已死亡且不適合食用。

㈡蝸牛（Snails/Escargots）

可食用的蝸牛可分為兩種：陸上蝸牛和沼澤蝸牛。蝸牛屬於腹足類軟體動物，主要產季在秋天。最具盛名的蝸牛產地在法國的勃根第。

㈢魷魚（Squid）

出現在全球的溫帶水域，屬於頭足類軟體動物，以淡菜、蛤蜊、螃蟹和小魚為食，一般重量為100-800公克重。

第二節　海鮮的營養

海鮮含有品質很好的蛋白質、脂肪，近年來發現海鮮中遠洋魚如鮫魚含有高密度的脂蛋白，可將人體多餘的膽固醇由肝臟代謝掉，可減少心血管疾病的罹患率。因此，鮫魚漸漸成為人們重視的食物；但其熱量很高，一天只能吃1顆約400毫克國際單位。

軟骨魚類含有豐富的鈣質，可減少骨骼疏鬆。

第三節　海鮮的前處理

一、海鮮的選購

選購新鮮、質地佳的海鮮是十分重要的，只要新鮮、品質好用簡單的烹調就可吃到美味海鮮。

在選購新鮮魚類時，可觀察幾個部分：眼睛清亮、魚鰓淡紅

色且無腥臭味、魚鱗不脫落、肉質結實而有彈性。

二、海鮮一定須將不可食部分去除，未使用時先予以冷藏或冷凍，冷藏宜在2-3天內食用，冷凍在2-3個月內使用。

第四節　海鮮的貯存

在取得新鮮海產後需要緊接著做下列步驟以確保新鮮度：

一、須放置在2-5℃的溫度下儲存。

二、存放時需要以維持海產原來的水分為目的來進行包裝儲藏。

三、不要讓魚保存超過1或2天的時間才做烹調。

四、當活魚存放在水箱中時，為使氧氣在水中循環，魚多半會放在水箱最底層，其溫度設定在5℃至13℃間，如此一來魚可以維持最整潔的狀態。

在漁港捕獲魚後，為保持漁獲的品質，多半有醃漬（如鯡魚）、煙燻（如鰻魚、鮭魚、鱸魚）、鹽漬（如鯡魚、沙丁魚）、冷凍（如大部分魚類）、乾燥（如鱈魚、鯖魚）

第五節　海鮮的烹調

淡水魚在市面上常以活魚出現，土味強，魚刺多；海水魚則為整片魚肉，土味較少，一般用來做西餐以海水魚為多；貝類如牡蠣、文蛤、西施舌、九孔，味鮮美常被利用，甲殼類以活者為佳，死蟹味道有酵素作用分解有異味，頭足類以新鮮為主。

一、淡水魚（Freshwater Fish）

㈠鰻魚（eel）

鰻魚可油炸、煮湯、滷或煙燻，亦可做成冷盤肉凍。

㈡虹鱒（Rainbow Trout）

虹鱒可水煮、油炸等方式烹調。

㈢鮭魚（Salmon）

最佳鮭魚品質重量是在15磅至30磅之間，可水煮或火烤，而煙燻鮭魚則是在較寒冷的時候所常見的料理方式。

㈣鱘魚（Sturgeon）

鱘魚肉的味道不錯，不過最有名的還是以牠的魚卵所製作而成的魚子醬。

㈤鯰魚（Sheat Fish/Wells）

料理鯰魚時，通常都會去骨切片，用煎、燉或油炸的方式來料理。

二、海水魚（Saltwater Fish）

㈠鯡魚（Herring）

秋季的鯡魚脂肪雖然較少，但風味依舊良好；相反地，春季的鯡魚雖然較肥美，但味道就不如秋季的鯡魚可口。鯡魚的料理方法很多，像是焗烤、油炸、燉煮等。由於牠的脂肪豐厚，因此也適合醃製。

㈡鯖魚（Mackerel）

風味不錯，但腥味較重且易腐敗，因此常用醃漬、煙燻的方式或製作成罐頭來保存。

㈢鮪魚（Tuna Fish）

白肉的鮪魚可透過氽燙或水煮讓風味更好，此外，鮪魚也可用煙

燻、油炸或焗烤等料理方式，或是製成罐頭。

(四)檬鰈／檸檬鰯（Lemon Sole）

檬鰈的骨頭比其他品種易碎，因此不容易做切片處理，最佳品嘗期為十二月至三月，常用油炸、煎或是水煮的方式烹調。

(五)比目魚（Turbot）

其肉的顏色雪白、非常紮實，最佳品嘗季節為四月至九月，可用溫煮、焗烤或油炸方式料理。

三、甲殼類（Crustaceans）

(一)螃蟹（Crab）

螃蟹的肉質粗糙易腐敗，但口感很鮮美，常用的料理方式是煮或是小火慢燉，可用在熱食或冷盤，而軟殼螃蟹也可以用蒸或是油炸的方式處理。

(二)小龍蝦／淡水龍蝦（Ecrevisse/crayfish）

小龍蝦常用在熱食或冷盤，也可以當以魚料理為前菜的裝飾。

(三)龍蝦（Lobster）

龍蝦也常用在熱食或冷盤上，而處理龍蝦的方式和處理小龍蝦的方法一樣，利用熱水燙熟。若龍蝦已死掉則會釋放出毒素，不宜食用。

(四)棘刺龍蝦（Spiny Lobster）

因為沒有和龍蝦一樣有一對螯，所以尾巴為主要食用的的部分，肉質鮮美，但口感比龍蝦還要再乾一點，可用在熱食或冷盤。不過，在製作冷盤時，前處理的汆燙程序須先把棘刺龍蝦的身體固定住，以維持原型。

四、軟體動物（Shellfish and Mollusks）

當軟體動物不是以生鮮品販售時，多半會泡在鹽水、醋汁中，或是製作成罐頭。醃漬品可以配飲料生吃，但如果要做成冷盤沙拉時，需要先用冷水沖洗再處理。

(一)牡蠣（Oyster）

牡蠣非常美味，牡蠣的尺寸、口感和風味相當多元。在挑選牡蠣時，外殼緊閉表示新鮮；若外殼已張開，則表示已死亡且不適合食用。通常食用牡蠣採生食吃法，若要吃熟食，只要用熱水煮過即可。

(二)蝸牛（Snails/Escargots）

蝸牛的肉質帶點彈性，一般會搭配奶油食用，用蝸牛殼盛裝，在食用蝸牛時也有專用器具。蝸牛也可以用白酒燉煮或煎、炸等方式烹調。

(三)魷魚（Squid）

新鮮魷魚體內有個墨囊，墨囊裡的墨汁常作為調味的基本材料。魷魚料理的方式很多，像是烤、煎或是水煮汆燙等。

第六節　海鮮的食譜

一、煎魚（Pan-frying fish）

(一)煎鱸魚排附奶油馬鈴薯

1.材料：鱸魚1條、鹽1小匙、白胡椒粉1小匙、檸檬汁2大匙、麵粉5大匙、奶油2大匙、馬鈴薯1公斤、奶油1大匙、鹽1小匙、白胡椒粉1/4小匙、香芹（切碎）1大匙。

2.做法：

(1)魚去魚鱗洗淨，去魚皮取魚肉，魚排加鹽、白胡椒粉、檸檬汁醃漬、沾上薄麵粉。

(2)鍋中熱油，將鱸魚排兩面煎至金黃色，放盤中。

(3)鍋中餘油，加入檸檬汁，加鹽、白胡椒粉調味成檸檬汁。

(4)馬鈴薯切成橄欖形，入水中煮熟，拌奶油以鹽、白胡椒粉調味。

(5)盤中放魚排，淋上檸檬醬汁附上馬鈴薯，撒上香芹及放檸檬片裝飾。

二、炸魚（Deef-frying fish）

(一)炸麵糊鮭魚條附塔塔醬

1.材料：新鮮鮭魚1公斤、醃魚料（鹽1小匙、白胡椒粉1/2小匙、檸檬汁1小匙）、低筋麵粉2杯、牛奶1杯、蛋2個、塔塔醬（切碎洋蔥1大匙、切碎酸豆1大匙、蛋黃醬1杯、檸檬汁1大匙、鹽1小匙、胡椒粉　小匙、切碎香芹1大匙）。

2.做法：

(1)鮭魚去魚皮，切成條狀，加入鹽、白胡椒粉、檸檬汁拌醃。蛋白以中速打成。

(2)低筋麵粉加入牛奶、蛋黃、打發蛋白拌成麵糊。

(3)鮭魚先沾麵粉，再沾麵糊，入180℃油中炸至金黃色，取出。

(4)將切碎洋蔥、酸豆、蛋黃醬、檸檬汁、鹽、胡椒粉、香芹拌勻成塔塔醬。

(5)供應時盤中放魚條附塔塔醬。

三、煮魚

(一)奶油洋菇鱸魚排附香芹馬鈴薯

1.材料：鱸魚1條、鹽1小匙、白胡椒粉1/2小匙、奶油1大匙、紅蔥頭（切碎）2大匙、洋菇片1/2杯、白酒1杯、水2杯、調味蔬菜（洋蔥60公克、紅蘿蔔30公克、西洋芹30公克）、無糖鮮奶油1/2杯、奶油1大匙、馬鈴薯200公克、香芹1大匙。

2.做法：

(1)鱸魚去魚鱗洗淨，去魚骨、刺、魚皮，取魚肉切成長片冷藏。

(2)魚骨加入白酒、水及調味蔬菜熬煮後過濾成魚高湯，加鹽、白胡椒粉調味，放入魚排煮8-10分鐘。

(3)以奶油炒香紅蔥頭及洋菇片，加1杯魚高湯，以中火煮至杯，加無糖鮮奶油及鹽、白胡椒粉調味，淋於魚排上。

(4)馬鈴薯削外皮切成塊狀入水中煮熟，再以奶油炒香加入香芹，加鹽、白胡椒粉調味。

(5)供應時將魚排放盤中，附上香芹馬鈴薯。

四、煮蝦

(一)鮮蝦盅附考克醬

1.材料：

(1)帶殼新鮮草蝦36隻

(2)煮蝦用材料：洋蔥60公克、紅蘿蔔60公克、西洋芹60公克、月桂葉2片、香芹3公克、百里香3公克、白酒醋1小匙、結球萵苣1顆、蛋3個、檸檬2個、考克醬（法式芥末醬1大匙、番茄醬1/2杯、辣根醬2大匙、鹽1小匙、白胡椒粉1/2小匙）。

2.做法：

⑴帶殼蝦除去腸泥，洗淨。

⑵煮鍋中放水3杯，將煮蝦用材料放入煮10-15分鐘，加入草蝦煮熟，撈
　　出入冰水冷卻，除去蝦頭、蝦尾冷卻。

⑶蛋帶殼入冷水中，煮至水滾後12分鐘，取出放冷水去蛋殼，將蛋切
　　片。

⑷萵苣洗淨切絲放冰水浸泡備用。

⑸將法式芥末醬、番茄醬、辣根醬、鹽、白胡椒粉拌勻成考克醬。

⑹將生菜絲濾乾放香檳杯，將鮮蝦排在生菜絲上，旁放蛋片及檸檬汁，
　　吃時附上考克醬。

第十二章
蛋　糕

市售蛋糕琳琅滿目，但蛋糕的分類只有三大類：即麵糊類、乳沫類及戚風類。現依序介紹如下：

第一節　蛋糕的分類

蛋糕分為麵糊類、乳沫類與戚風類。

一、麵糊類蛋糕（Batter type）

又稱為油脂類蛋糕，配方中所含油脂成分較高。

(一)類別

1. 輕奶油蛋糕：配方內油、蛋用量低，除靠油打進空氣，尚要靠化學膨大劑來調整體積。

2. 重奶油蛋糕：配方內油、蛋用量高，尤以油量達到某一程度時，不須添加任何化學膨大劑就可保有成品的柔軟度與體積。

(二)膨大來源

1. 利用油脂與糖或油脂與麵粉攪拌，在攪拌過程中打入大量空氣，並將打入的空氣保留在麵糊內，經烘焙後達到一定體積。

2. 依賴配方中所填加的化學膨大劑，如發粉或蘇打粉，經攪拌後，加水產生氣體，經烘焙後達到一定的體積。

(三)產品

1. 輕奶油蛋糕：如黃蛋糕、白蛋糕、巧克力蛋糕、魔鬼蛋糕。

2. 重奶油蛋糕：如布丁蛋糕（磅蛋糕、奶油布丁、橘子布丁、核桃布丁）、水果蛋糕（純水果蛋糕、普通水果蛋糕）、杯子蛋糕及大理石蛋糕。

二、乳沫類蛋糕

又稱為泡沫蛋糕。

(一)配方

配方中有蛋、糖比率高，利用全蛋、蛋白、蛋黃打成泡沫來增加體積。

(二)膨大來源

利用全蛋、蛋白、蛋黃加定量糖於攪拌時打入大量空氣，將空氣保留於蛋的固定薄膜，經烘烤而成。

(三)類別

1.蛋白糖類：利用配方中蛋白攪拌入大量空氣，不填加任何化學膨大劑。

2.海綿類：利用全蛋或蛋黃於攪拌時打入大量空氣，分為高、中、低三種配方，在低成分海綿蛋糕須加化學膨大劑，以補蛋量之不足。

(四)產品

1.蛋白糖類：如天使蛋糕，加入不同食材有不同名稱如香草天使、檸檬天使、櫻桃天使。

2.海綿類：如果醬捲、蜂蜜蛋糕、長崎蛋糕。

三、戚風蛋糕

(一)配方

採用一部分麵糊類及一部分乳沫類蛋糕之優點做出來的成品。

(二)膨大來源

以麵糊類的發粉做膨大來源，或以乳沫類的蛋白為膨大來源。

(三)優點

不像麵糊類的硬，不像乳沫類的甜，具柔軟性。

(四)產品

依添加食材而命名,如檸檬戚風、橘子戚風、櫻桃戚風。

第二節　做好蛋糕應具備的條件

一、使用好的材料

應使每一種材料發揮其特性。

二、明瞭原料的特性

明瞭原料的特性,如蛋白的起泡力、蛋黃的起泡力、發粉的種類及應用。

三、做適當的配方平衡

蛋糕中乾性材料如麵粉、奶粉、鹽、糖等,濕性材料如水、奶水、蛋,韌性材料如麵粉、水蛋白,柔性材料如油、糖、蛋黃。

乾性材料與濕性材料應達平衡,韌性材料與柔性材料亦需要平衡。

四、各類蛋糕湏有正確攪拌

如麵糊類利用糖油拌打或麵糊油脂的拌打;天使蛋糕用蛋白、全蛋或蛋黃拌打。

五、正確的烤焙溫度和時間

依據下列條件來訂定烤焙溫度和時間:

(一)麵糊之多寡

麵糊多,所需烤焙溫度低、時間長。

(二)依據蛋糕成分之高低

　　成分越高，烤的時間越長，溫度低；成分低烤的時間短，溫度高。

(三)依據蛋糕別

　　麵糊類中重奶油蛋糕，烤的時間長，溫度低；乳沫類蛋糕烤的時間短，溫度高。

(四)依據蛋糕之厚薄

　　厚者，低溫長時；薄者，高溫短時。

第三節　各式蛋糕配方

一、輕奶油蛋糕

(一)配方

表12-1　輕奶油蛋糕配方

材料	百分比（%）	材料重量（公克）
低筋麵粉	100	170
細砂糖	95	161.5
鹽	2	3.4
奶油	40	68
全蛋	44	75
奶粉	6	10.2
水	55	93.5
發粉	4.5	7.7
總計	346.5	589

　　1.做出一個麵糊560公克時，操作損耗5%：總麵糊為560÷(100% − 5%) = 589公克

2.各材料的重量計算如下：

    ⑴低筋麵粉：589×100÷346.5 = 170

    ⑵細砂糖：589×95÷346.5 = 161.5

    ⑶鹽：589×2÷346.5 = 3.4

    ⑷奶油：589×40÷346.5 = 68

    ⑸全蛋：589×44÷346.5 = 75

    ⑹奶粉：589×6÷346.5 = 10.2

    ⑺水：589×55÷346.5 = 93.5

    ⑻發粉：589×4.5÷346.5 = 7.7

(二)拌打方法及烤焙

將低筋麵粉與發粉混合過篩，加入細砂糖、鹽、奶油放入攪拌缸，用打蛋器拌打至奶油稍膨大，加入全蛋、奶粉、水拌勻，烤盤墊紙，將麵糊放入，以160℃烤30分鐘。

二、魔鬼蛋糕

(一)配方

表12-2　魔鬼蛋糕配方

材料	百分比（%）	材料重量（公克）
低筋麵粉	100	121
蘇打粉	1.5	1.8
發粉	2.5	3
可可粉	30	36
細砂糖	120	145
鹽	3	3.6
奶油	60	72
全蛋	72	67
奶粉	10	12

材料	百分比（%）	材料重量（公克）
水	86	104
乳化劑	2	2.5
總計	487	589

1. 做出一個麵糊560公克，操作損耗5%

   總麵糊為$560 \div (100\% - 5\%) = 589$公克

2. 各材料的重量計算如下：

   (1)低筋麵粉：$589 \times 100 \div 487 = 121$

   (2)可可粉：$589 \times 30 \div 487 = 36$

   (3)細砂糖：$589 \times 120 \div 487 = 145$

   (4)鹽：$589 \times 3 \div 487 = 3.6$

   (5)奶油：$589 \times 60 \div 487 = 72$

   (6)全蛋：$589 \times 72 \div 487 = 67$

   (7)蘇打粉：$589 \times 1.5 \div 487 = 1.8$

   (8)發粉：$589 \times 2.5 \div 487 = 3$

   (9)奶粉：$589 \times 10 \div 487 = 12$

   (10)水：$589 \times 86 \div 487 = 104$

   (11)乳化劑：$589 \times 2 \div 487 = 2.5$

(二)拌打方法及烤焙

蘇打粉、發粉、低筋麵粉混合過篩，加入可可粉、細砂糖、鹽、奶油拌打至膨大，加入蛋、奶粉、水、乳化劑拌勻，烤盤墊紙，放入麵糊，以170℃烤30分鐘。

(三)顏色

不同酸鹼值烤好後魔鬼蛋糕有不同顏色：

當pH值5-6時，內部為淺咖啡色；

pH值6-7時，內部為棕櫚色；

pH值7-8時，內部為桃心木色，此為理想顏色；

pH值高於8時，內部為黑色，有澀味與鹼味，成品不佳。

三、重奶油蛋糕

(一)配方

表12-3　重奶油蛋糕配方

材料	百分比（%）	材料重量（公克）
低筋麵粉	100	241
發粉	1	2.5
細砂糖	100	241
鹽	2	4.8
奶油	80	193
蛋	88	212
奶粉	2	4.8
水	20	48
總計	393	948

1. 做出活動空心烤盤1個，麵糊900公克，操作損耗5%

   總麵糊為900÷(100% − 5%) = 948公克

2. 各材料重量計算如下：

   (1)低筋麵粉：948×100÷393 = 241

   (2)發粉：948×1÷393 = 2.5

   (3)細砂糖：948×100÷393 = 241

   (4)鹽：948×2÷393 = 4.8

   (5)奶油：948×80÷393 = 193

   (6)蛋：948×88÷393 = 212

   (7)奶粉：948×2÷393 = 4.8

(8)水：948×20÷393＝48

(二)拌打方法及烤焙

　　低筋麵粉與發粉混合過篩，放入攪拌器加細砂糖、鹽、奶油，以打蛋器拌打至油膨大，加入蛋、奶粉、水拌打均勻。空心烤盤抹油放入麵糊，以170℃烤1小時。

四、水果蛋糕

(一)麵糊部分

表12-4　水果蛋糕麵糊配方

材料	百分比（%）	材料重量（公克）
高筋麵粉	100	171
白油	70	120
奶油	30	51.5
乳化劑	2	3.5
細砂糖	100	171
鹽	3	5
全蛋	100	171
奶粉	3	5
水	22	38
總計	430	736

(二)蜜餞部分

表12-5　水果蛋糕蜜餞配方

材料	百分比（%）	材料重量（公克）
葡萄乾	50	97
青梅（去核）	30	58
葡萄干（去核）	30	58

材料	百分比（%）	材料重量（公克）
菠蘿乾	30	58
芒果乾	30	58
金棗乾	20	38
總計	190	367

(三)水果蛋糕表面糖漿

表12-6　水果蛋糕表面糖漿配方

材料	百分比（%）	材料重量（公克）
水或果汁	90	180
液體葡萄糖	25	50
鹽	1	2
玉米粉	6	12
水	10	20
總計	132	264

1. 做出活動空心烤盤，麵糊700公克，操作損耗5%

    總麵糊為700÷(100% − 5%) = 737公克

    蜜餞總量至少為麵糊之50%，為368.5公克

2. 各材料重量計算如下：

    ⑴高筋麵粉：737×100÷430 = 171

    ⑵白油：737×70÷430 = 120

    ⑶奶油：737×30÷430 = 51.5

    ⑷乳化劑：737×2÷430 = 3.5

    ⑸細砂糖：737×100÷430 = 171

    ⑹鹽：737×3÷430 = 5

    ⑺全蛋：737×100÷430 = 171

(8)奶粉：$737 \times 3 \div 430 = 5$

(9)水：$737 \times 22 \div 430 = 38$

(10)葡萄乾：$368.5 \times 50 \div 190 = 97$

(11)青梅（去核）：$368.5 \times 30 \div 190 = 58$

(12)葡萄干：$368.5 \times 30 \div 190 = 58$

(13)菠蘿乾：$368.5 \times 30 \div 190 = 58$

(14)芒果乾：$368.5 \times 30 \div 190 = 58$

(15)金棗乾：$368.5 \times 20 \div 190 = 38$

(四)拌打方法及烤焙

1. 將高筋麵粉、白油、奶油、乳化劑、細砂糖、鹽放入攪拌缸拌打至奶油色變白，加入全蛋、奶粉、水拌打均勻。

2. 各式蜜餞泡水15分鐘，切小丁、平鋪烤盤，烤10分鐘，取出拌入麵糊中。

3. 烤盤拌白油，撒高筋麵糊，將拌好麵糊倒入，以170℃烤70分鐘。

4. 糖漿之製作

   將水或果汁、葡萄糖、鹽於煮鍋煮滾，將玉米粉與水拌勻，倒入勾芡，等蛋糕烤好待冷扣出，刷上表面糖漿。

五、香草天使蛋糕

(一)配方

表12-7　香草天使蛋糕配方

材料	百分比（%）	材料重量（公克）
蛋白	48.5	255
塔塔粉	0.65	3.4
鹽	0.35	1.8

材料	百分比（%）	材料重量（公克）
低筋麵粉	17	69.5
細砂糖	33	173.5
香草水	0.5	2.6
總計	100	526

1. 做出方形烤盤500公克之天使蛋糕，操作損耗5%

   總麵糊為$500 \div (100\% - 5\%) = 526$

2. 各材料重量計算如下：

   (1)蛋白：$526 \times 48.5 \div 100 = 255$

   (2)塔塔粉：$526 \times 0.65 \div 100 = 3.4$

   (3)鹽：$526 \times 0.35 \div 100 = 1.8$

   (4)低筋麵粉：$526 \times 17 \div 100 = 69.5$

   (5)細砂糖：$526 \times 33 \div 100 = 173.5$

   (6)香草水：$526 \times 0.5 \div 100 = 2.6$

(二)拌打方法及烤焙

將所有用具清洗乾淨，保持無油乾淨狀況，將蛋白如塔塔粉打至濕性發泡，加入麵粉、糖、鹽、香草水拌勻。

烤盤不抹油，將麵糊倒入，以180℃烤25-30分鐘，出爐放涼。例如，以手往下壓扣出蛋糕。

六、檸檬天使蛋糕

(一)配方

表12-8　檸檬天使蛋糕配方

材料	百分比（%）	材料重量（公克）
蛋白	47	494
塔塔粉	0.4	4.2

材料	百分比（%）	材料重量（公克）
鹽	0.6	6.3
細砂糖	32	336
檸檬汁	3	31.5
低筋麵粉	17	179
總計	100	1052

1. 做出空心烤盤500公克／個之麵糊2個，操作損耗5%

   總麵糊$500 \times 2 \div (100\% - 5\%) = 1052$

2. 各材料重量計算如下：

   ⑴蛋白：$1052 \times 47 \div 100 = 494$

   ⑵塔塔粉：$1052 \times 0.4 \div 100 = 4.2$

   ⑶鹽：$1052 \times 0.6 \div 100 = 6.3$

   ⑷細砂糖：$1052 \times 32 \div 100 = 336$

   ⑸檸檬汁：$1052 \times 3 \div 100 = 31.5$

   ⑹低筋麵粉：$1052 \times 17 \div 100 = 179$

(二)製作方法

將新鮮檸檬洗淨，皮用細刨子刨成末，檸檬擠出檸檬汁。

所有用具洗淨擦乾，將蛋白加塔塔粉打至濕性發泡，加入麵粉、糖、鹽、檸檬汁、檸檬皮屑拌勻，放入空心烤盤，以180℃，烤25-30分鐘，出爐倒扣，以手往下壓扣出蛋糕。

備註：若將檸檬汁改成櫻桃汁就成為櫻桃天使，另外加3-5%之切碎櫻桃果粒。

七、蜂蜜蛋糕

(一)配方

表12-9　蜂蜜蛋糕配方

材料	百分比（%）	材料重量（公克）
全蛋	180	354
細砂糖	140	275
蜂蜜	20	39
麥芽膏	15	29.5
鹽	2	3.9
低筋麵粉	100	197
奶粉	15	29.5
水	10	19.6
總計	482	948

1. 做出長烤盤900公克之麵糊，操作損耗5%

   總麵糊900÷(100% − 5%) = 948公克

2. 各材料重量計算如下：

   (1)全蛋：948×180÷482 = 354

   (2)細砂糖：948×140÷482 = 275

   (3)蜂蜜：948×20÷482 = 39

   (4)麥芽膏：948×15÷482 = 29.5

   (5)鹽：948×2÷482 = 3.9

   (6)低筋麵粉：948×100÷482 = 197

   (7)奶粉：948×15÷482 = 29.5

   (8)水：948×10÷482 = 19.6

將麥芽膏隔水加熱至融化，將全蛋、細砂糖、蜂蜜、麥芽膏隔水加熱至43℃，同一方向拌打至蛋黃成乳泡，加入鹽、低筋麵粉、奶粉、水拌勻。

平烤盤鋪紙，倒入麵糊，180℃烤25-30分鐘。

八、櫻桃海綿蛋糕

㈠配方

表12-10　櫻桃海綿蛋糕配方

材料	百分比（%）	材料重量（公克）
蛋黃	105	228
全蛋	40	87
細砂糖	120	260
鹽	2	4.3
低筋麵粉	90	195
玉米粉	10	21.7
沙拉油	30	65
櫻桃水	10	21.6
鮮櫻桃	30	65
總計	437	948

1. 製作出長烤盤900公克之麵包糊，操作損耗5%

　　總麵糊900÷(100% − 5%) = 948公克

2. 各材料重量計算如下：

　　⑴蛋黃：948×105÷437 = 228

　　⑵全黃：948×40÷437 = 87

　　⑶細砂糖：948×120÷437 = 260

(4)鹽：948×2÷437 = 4.3

(5)低筋麵粉：948×90÷437 = 195

(6)玉米粉：948×10÷437 = 21.7

(7)沙拉油：948×30÷437 = 65

(8)櫻桃水：948×10÷437 = 21.6

(9)切碎櫻桃：948×30÷437 = 65

(二)製作方法

將蛋黃、全蛋、細砂糖、鹽放攪拌缸快速打發，打入空氣。

將低筋麵粉、玉米粉混勻過篩，加入打發蛋液拌入沙拉油、櫻桃水及切碎櫻桃拌勻，將長烤盤鋪紙，倒入麵糊以180℃烤25分鐘。

九、海綿蛋糕

(一)配方

表12-11　海綿蛋糕配方

材料	百分比（%）	材料重量（公克）
全蛋	140	280
蛋黃	35	70
細砂糖	150	300
鹽	3	6
低筋粉	100	200
沙拉油	20	40
奶水	20	40
香草	0.5	1

(二)做法

1.細砂糖、鹽、蛋放置中，隔熱水加熱至40-43℃，打蛋器打至顏色成乳黃色。

2. 麵粉與發粉過篩拌入蛋糊中，加入牛奶拌勻。

3. 倒入10吋空心烤盤，以170℃烤35-40分鐘，倒扣於烤架上待涼倒扣。

4. 也可用長烤盤，烤盤塗油灑上薄麵粉，將多餘麵粉倒出，倒入麵糊烤至麵糊熱，中間抹上果醬，做成蛋糕捲。

十、戚風蛋糕

(一)蛋白部分

表12-12　戚風蛋糕蛋白部分配方

材料	百分比（%）	材料重量（公克）
蛋白	100	248
塔塔粉	0.5	1.2
細砂糖	60	148

(二)麵糊部分

表12-13　戚風蛋糕麵糊部分配方

材料	百分比（%）	材料重量（公克）
低筋麵粉	100	248
發粉	5	12
鹽	1	2.4
細砂糖	70	172
沙拉油	50	123
蛋黃	50	123
水（或果汁）	70	172
總計	506.5	1250

1. 做出圓形8吋空心烤盤1個

　總麵糊1250公克

2. 各材料之計算

　⑴蛋白：$1250 \times 100 \div 506.5 = 248$

　⑵塔塔粉：$1250 \times 0.5 \div 506.5 = 1.2$

　⑶細砂糖（蛋白部分）：$1250 \times 60 \div 506.5 = 148$

　⑷低筋麵粉：$1250 \times 100 \div 506.5 = 248$

　⑸發粉：$1250 \times 5 \div 506.5 = 12$

　⑹鹽：$1250 \times 1 \div 506.5 = 2.4$

　⑺細砂糖（麵糊部分）：$1250 \times 70 \div 506.5 = 172$

　⑻沙拉油：$1250 \times 50 \div 506.5 = 123$

　⑼蛋黃：$1250 \times 50 \div 506.5 = 123$

　⑽水或果汁：$1250 \times 70 \div 506.5 = 172$

（三）製作方法

1. 蛋白糖之部分

　將蛋白與塔塔粉放入乾淨無油的攪拌缸，打至濕性發泡，加入細砂糖拌打至蛋白在打蛋器上成鉤狀。

2. 麵糊部分

　將低筋麵粉與發粉過篩，蛋黃、水（或果汁）、鹽、細砂糖、沙拉油拌勻，加入過篩的低筋麵粉拌勻。

　將打好的蛋白糖拌入麵糊中拌勻，放入沒抹油的烤盤，以180℃烤40分鐘。

第十三章

小西餅

在下午茶或結婚之禮餅常以小西餅作為送禮之用。現就小西餅種類、材料選用、攪拌、整形、包裝、貯存依序介紹之。

第一節　小西餅之分類

根據所使用的材料及攪拌方法,將小西餅分為麵糊類小西餅與乳沫類小西餅。麵糊類小西餅常用漿狀拌打器,糖油拌合法;乳沫類小西餅則用鋼絲拌打器將蛋白打發。

另一種分類則以脆硬性、酥硬性、酥軟性、鬆軟性四類:脆硬性者糖用量大於油量;酥硬性者糖量與油量相當;酥軟性則油量大於糖量;鬆軟性者蛋大於糖大於油。

第二節　小西餅之材料選用

(一)麵粉

根據小西餅的特性來選用麵粉:若要製作出來的小西餅保有外表形狀及酥脆性可用中筋或高筋麵粉;若要製作出來的小西餅有裂痕、擴大效應則使用低筋麵粉。

(二)油

加入小西餅的油可使小西餅具有酥、脆、香的特性,因此油的選擇應掌握下列要點:

1. 油性:油性越大,越可達到酥脆效果;以豬油的油性最大,但其油味濃、溶點低,因此常選用將豬油氫化的氫化油。

2. 融合性:融合性好可拌打入大量空氣並保留空氣,使製作出來的小西餅有香酥的特性。

3. 安定性:選用安定性好的油,可使小西餅的保持期限增長。

(三)糖

可依需要選用粗砂糖、細砂糖、糖粉、糖漿、焦糖。

配方中糖、油多且水分少者可用顆粒細的糖粉，糖和油低成分、水分多者應用細砂糖。若做出小西餅顆粒粗、裂痕大則選用較粗的糖，表面具光澤則選用較細砂糖。烤後表面要有糖顆粒用粗砂糖，烤過後表面有糖衣則用細砂糖，單純做裝飾則用糖粉。若要增加產品顏色、香味，可使用5-10%的糖漿。太高比例的糖漿會影響小西餅的體積、顏色與外表。

第三節　整形與裝盤

一、小西餅的整形

(一)根據小西餅的特性：若要有酥、脆感應擠薄一些。

(二)根據形狀之變化：如保有原有形狀可用模型壓出。

(三)大小一致：擠花時要大小一致、間隔一致才會有相同的烤焙時間。

(四)烤盤是否抹油：依配方種類烤盤可擦油或不擦油，配方中油高則不擦油，配方中油少則多擦油。

(五)根據擴張性：若會擴張則擦油並墊紙，若不會擴張則少擦油。

二、小西餅之包裝

小西餅放涼，應保有香、酥、脆之特性。為延長保存期限常加外包裝或放入緊密的容器。

第四節　烘焙

　　烤盤溫度以175-190℃為佳，油多應用低溫烤，擴張大應用低溫烤。上火大，下火小，一般時間10-15分鐘即熟，小且薄7-8分鐘即熟。

第五節　各式小西餅

一、杏仁小西餅

1.材料：

表13-1　杏仁小西餅材料

材料	百分比（%）	材料重量（公克）
低筋麵粉	85	425
高筋麵粉	15	75
細砂糖	40	200
奶油	20	100
白油	22	110
鹽	0.5	2.5
脫脂奶粉	4	20
蛋	20	100
水	8	40
阿摩尼亞（NH_3）	0.2	1
蘇打粉	1.1	5.5
杏仁精	0.1	0.5
細砂糖	20	100
香草水	0.8	4

2.做法：

⑴若以低筋麵粉425公克，算出各材料使用重量。

⑵將糖、奶油、白油、鹽、蛋放入攪拌缸，用漿狀拌打器拌打，倒入低
筋麵粉與中筋麵粉。

⑶將水中加入阿摩尼亞、蘇打粉、杏仁精，倒入麵糰中，拌入細砂糖、
香草水拌勻。

⑷將麵糰揉成2公分長條，切成0.4-0.6公分，平放烤盤，烤盤抹油，中間
約3公分距離，以170℃，上火大、下火小烤12分鐘。

二、蛋黃餅

1.材料：

表13-2　蛋黃餅材料

材料	百分比（%）	材料重量（公克）
低筋麵粉	100	500
糖粉	65	325
奶油	25	125
蛋	35	175
蘇打粉	0.6	3
NH_3	0.5	2.5
鹽	0.8	4
香草水	0.1	0.5

2.做法：

⑴將糖粉、奶油、蛋拌打。蘇打粉與麵粉過篩，加入糖粉中，加入
NH_3、鹽、香草水，揉成麵糰。

⑵將麵糰擀成0.3公分薄片，用模型壓成各種形狀，表面刷蛋水，烤盤擦
油，上火大，下火小，以170℃烤10分鐘。

三、可可小西餅

1. 材料：低筋麵粉1.5杯、細砂糖1杯、可可粉3大匙、蘇打粉1小匙、鹽1/2小匙、沙拉油6大匙、香草片（壓碎）1片、水1杯、葡萄乾（泡水）1杯。

2. 做法：

   (1) 將低筋麵粉、細砂糖、可可粉、蘇打粉、鹽混合過篩，加入沙拉油，香草溶於水，葡萄乾拌勻。

   (2) 麵糊製於抹油的平盤，以175℃烤35分鐘。

四、冷凍小西餅

1. 材料：奶油1/2杯、細砂糖1杯、蛋1個、低筋麵粉1.75杯、發粉2小匙、鹽1/4小匙、葡萄乾（泡水）1杯。

2. 做法：

   (1) 奶油與細砂糖混合打發，蛋分2-3次加入。

   (2) 低筋麵粉與發粉過篩，拌入奶油糖中，拌入葡萄乾。

   (3) 將麵糰揉成長形，捲好放冰箱冷藏，烤前切片擺於抹油的烤盤，180℃烤8-10分鐘。

五、冰箱小西餅

1. 材料：

表13-3　冰箱小西餅材料

材料	百分比（%）	材料重量（公克）
白油	20	100

材料	百分比（%）	材料重量（公克）
奶油	40	200
糖漿	50	250
鹽	1	5
奶粉	7	35
蛋	20	100
低筋麵粉	100	500
可可粉	10	100

2.做法：

(1)將白油、奶油、糖粉、鹽、奶粉以慢速拌勻，加入蛋及低筋麵粉，拌成麵糰。

(2)將麵糰分成二半，一半加入可可粉揉勻。

(3)用二色麵糰可做整型，白麵糰桿平，中間包入揉成條狀的黑麵糰，兩麵糰相黏處抹勻蛋液捲起，以塑膠布包好，放冰箱冷藏至硬，取出切片。

(4)烤盤抹白油，將切片的餅乾排好，上火大，下火小，以180°C烤15分鐘。

六、乳沫類小西餅

1.材料：

表13-4　乳沫類小西餅材料

材料	百分比（%）	材料重量（公克）
蛋白	75	300
蛋黃	50	200
蛋白用細砂糖	50	200

材料	百分比（%）	材料重量（公克）
蛋黃用細砂糖	25	125
低筋麵粉	100	400
糖粉	20	80
草莓果醬	10	40

2.做法：

(1)蛋白打發，至挺硬加入蛋白用細砂糖，打至蛋白變硬。

(2)蛋黃加蛋黃用細砂糖，隔40℃熱水打至乳白色。

(3)將打發的蛋黃與蛋白、低筋麵粉拌勻，放入平口花嘴的擠花袋，擠出10元硬幣大小，上撒糖粉。

(4)以上火大約220℃，下火180℃烤4-5分鐘。

(5)將二片小西餅中央抹果醬。

七、巧克力餅乾

1.材料：

表13-5　巧克力餅乾材料

材料	百分比（%）	材料重量（公克）
奶油	100	200
細砂糖	100	200
蛋	50	100
低筋麵粉	100	200
小蘇打粉	2	4
發粉	2	4
麥片	125	250
巧克力粉	125	250

2.做法：

(1)將奶油、細砂糖打發，加入蛋液打勻。

(2)低筋麵粉、小蘇打粉、發粉混合過篩。

(3)打發奶油、蛋，拌入混勻的低筋麵粉、麥片、巧克力粉揉成麵糰，麵糰揉成長圓柱形，每個分割成30公克，中間隔5公分。

(4)烤盤抹白油，將餅乾片放上，上火190℃，下火160℃，烤15分鐘。

八、玉米脆片餅乾

1.材料：

表13-6　玉米脆片材料

材料	百分比（%）	材料重量（公克）
奶油	83.5	125
細砂糖	41.5	62.5
鹽	1	1.5
蛋	41.5	62.5
低筋麵粉	100	150
發粉	4	6
玉米片	16	24

2.做法：

(1)將奶油、細砂糖打發，拌入鹽、蛋。

(2)低筋麵粉與發粉過篩。

(3)打發的奶油拌入低筋麵粉、玉米片揉成糰，麵糰揉成圓柱形，分割成每個20公克，每個相隔3公分。

(4)烤箱抹油，放入麵糰，以上火190℃，下火160℃，烤20分鐘。

九、杏仁瓦片

1. 材料：

表13-7 杏仁瓦片材料

材料	百分比（%）	材料重量（公克）
全蛋	100	100
蛋白	90	90
糖粉	220	220
低筋麵粉	100	100
奶油	45	45
杏仁片	300	300

2. 做法：

(1)低筋麵粉與糖粉過篩，拌入蛋液與蛋白。

(2)奶油隔熱水融化，加入麵糊中，拌入杏仁片、放冰箱冷藏1.5小時。

(3)將麵糊以湯匙拿起，倒於烤盤，以叉子整形成薄片，以上火160℃，下火150℃，烤15分鐘。

第十四章
三明治

三明治是將麵包加入不同的內餡，搭配成營養均衡，在任何場合均可食用的簡易餐食，現就三明治的麵包選購、貯存內餡、蔬果，分別敘述之。

第一節　麵包選購

用來製作三明治的麵包有各式吐司麵包，如白麵包、芋頭麵包、全麥麵包、紅豆麵包、葡萄乾麵包、小餐包、法國麵包等

一、麵包香味：麵包應有自然的麥香和酵母發酵香味。

二、顏色：麵包外表顏色為金黃色。

三、形狀：各種麵包應有正常的形狀，如：吐司麵包應為長方形，邊緣稍呈圓形；小餐包應為圓形；法國麵包應為長形，中央有龜裂之裂痕。

四、質感：好的麵包，質感為薄而柔軟，有自然光澤，如：白吐司，內部顏色應為乳白色；草莓麵包不能為鮮豔的桃紅色。

五、包裝：包裝應緊密，不宜有水氣；如果有水氣，代表尚未放涼就封口，會使麵包發霉。

第二節　麵包貯存

一、麵包應用包裝袋包好，放冰箱：如果較時間才要用，應將包裝好的麵包予以冷凍，要使用前才解凍，要食用前撒少許水，再放入烤箱中烤五分鐘。

二、存放於麵包盒：1-2天內就要使用時，可將麵包放於麵包盒。麵包盒要隨時保持乾淨、乾燥，以免發霉。

第三節　內餡

三明治的內餡包括有塗抹的醬料、熟的肉類加工品、蛋品、肉醬、魚醬等，很適合的內餡。

一、醬料：由於怕三明治的麵包沾上蔬菜的水分，因此在麵包上可塗抹一些醬料，一般用的是奶油、番茄醬、芥末醬、奶油蒜泥醬、沙拉醬。

二、熟的肉類加工品：如熱狗、火腿、肉醬。

三、熟的魚加工品：如魚醬、鮪魚罐頭。

四、蛋類：如硬煮蛋。

五、起司：各式起司。

六、蔬果

　(一)新鮮蔬果：新鮮的蔬果如小黃瓜、紅蘿蔔、生菜葉、洋蔥、番茄、青椒、芹菜、紅椒、香蕉、芒果、鳳梨均為很好的內餡材料。

　(二)醃漬過或加工的蔬果：如醃過的小黃瓜、包心菜、芒果、水蜜桃罐頭。

　(三)煮熟的蔬菜：如煮熟的馬鈴薯、芋頭、番薯、南瓜、豌豆仁、玉米粒。

七、製作注意事項

　(一)選用新鮮材料：材料注重品質，如麵包應有細的組織、麵包的麥香、蔬菜宜洗淨晾乾。

　(二)麵包宜抹奶油：由於怕內餡的水分沾濕麵包，宜在上下兩片麵包抹奶油或沙拉醬。

　(三)內餡宜處理：生的內餡宜加熱至熟。

　(四)製作好最好速食用：製作好的三明治，最好速食用，一般不宜超過15分鐘，否則會使麵包浸濕，影響風味。

第四節　三明治食譜

一、馬鈴薯三明治

1.材料：馬鈴薯2個、胡蘿蔔1/2條、小黃瓜1條、火腿2片、硬煮蛋2個、沙拉醬4大匙、芹菜末1大匙、洋蔥末1大匙、長麵包6個、鹽1/2小匙、胡椒粉1/4小匙。

2.做法：

(1)馬鈴薯、胡蘿蔔連皮煮熟後切小丁。小黃瓜切丁加少許鹽醃去水，用手擠出多餘的水。

(2)火腿、硬煮蛋切丁。

(3)將馬鈴薯、紅蘿蔔、小黃瓜、火腿丁、硬煮蛋加入沙拉醬、芹菜末、洋蔥末拌勻，加少許鹽、胡椒粉調味。

(4)長麵包中間切開，加入拌好的內餡。

(5)亦可將馬鈴薯壓成泥。

二、鮪魚三明治

1.材料：油漬鮪魚罐頭1罐、芹菜末4大匙、洋蔥末4大匙、沙拉醬1/2杯、番茄醬2大匙、吐司麵包12-15片、鹽1/2小匙、胡椒1/4小匙。

2.做法：

(1)鮪魚罐頭濾出油倒出放碗中，加芹菜末、洋蔥末、沙拉醬、鹽、胡椒拌勻。

(2)吐司麵包平鋪抹上鮪魚醬，再蓋上吐司麵包，可對切或縱切。

三、熱狗三明治

1. 材料：長形麵包6個、熱狗6條、酸黃瓜12片、番茄醬6大匙、芥末奶油6小匙。

2. 做法：

　(1)熱狗於表面切花，入水中煮過或油中煎過。

　(2)將長麵包對切，抹芥末奶油，放入酸黃瓜、熱狗，淋上番茄醬。

四、酸菜肉絲三明治

1. 材料：長麵包6個、酸菜心4兩、肉絲4兩、醃肉料（醬油1小匙、水1小匙、太白粉1小匙）、糖1大匙、蒜末1大匙、沙拉油1大匙。

2. 做法：

　(1)酸菜心切細絲，泡水。肉絲加醃料拌醃。

　(2)鍋中放1大匙油，油熱放入肉絲炒熱，加蒜末、酸菜絲及糖拌勻。

　(3)長麵包中間切開夾入酸菜肉絲。

五、潛水三明治

1. 材料：長麵包6個、火腿片12片、起司片6片、生菜葉2片、酸甜黃瓜4片、沙拉醬6大匙。

2. 做法：

　(1)長麵包中間切開。

　(2)火腿片對切，起司片切成四片。

　(3)麵包抹上沙拉醬放入生菜葉、小黃瓜片、捲起的火腿片、起司片。

六、豬排三明治

1. 材料：豬里肌半斤、醃料（醬油2大匙、胡椒1小匙、糖1小匙、蒜末1小匙、鹽1/2小匙）、太白粉2大匙、蛋1個、麵包粉1杯、吐司12片、生菜葉6片

2. 做法：

   (1)里肌肉切成6片，加入醃料拌勻。

   (2)醃好肉片，外沾太白粉，再沾蛋液及麵包粉，入油中炸至金黃色。

   (3)吐司內抹少許奶油，放生菜葉及炸好的豬排，上放吐司，可對切。

七、吐司披薩

1. 材料：

   (1)披薩醬：

   番茄醬1/2杯、洋蔥末3大匙、番茄丁1/2杯、胡椒粉1/2小匙、蒜末1小匙

   (2)內餡：

   火腿絲1/2杯、洋菇片1/4杯、青椒絲1/2杯、莫札拉起司絲1/2杯、吐司12片

2. 做法：

   (1)將披薩醬的材料煮稠。

   (2)吐司麵包平鋪，抹上披薩醬，撒上各種切絲的材料，上放乳酪絲，放烤箱烤至乳酪融化。

八、漢堡

1. 材料：絞肉半斤、洋蔥末4大匙、蒜末1小匙、調味料（醬油1大匙、鹽1小匙、糖1小匙、味精1小匙、胡椒1小匙）、小圓麵包10個、芥末奶油2大匙、生菜葉2片

2. 做法：

   (1)將絞肉、洋蔥末、蒜末及調味料拌勻，用一定方向拌打至肉有黏性，分成10圓球，再壓扁。

   (2)鍋中放1大匙油，將圓肉餅兩面煎熟。

   (3)小圓麵包橫切開，抹上芥末奶油，放入肉餅，及生菜葉。

九、茶會三明治

1. 材料：吐司2片、紫菜1張、火腿片2片、小黃瓜絲2大匙、肉鬆2大匙、沙拉醬2大匙

2. 做法：

   (1)紫菜對半，一切為二。

   (2)將紫菜平鋪，在處抹上沙拉醬，吐司去邊平鋪，中央放火腿片、小黃瓜絲、肉鬆，再捲起封口用沙拉醬黏合、切小段。

十、薄片牛排三明治

1. 材料：菲力牛排450公克、鹽1/2小匙、黑胡椒粉1/4小匙、奶油1大匙、吐司麵包6片、奶油2大匙、辣醬油1大匙、萵苣菜3葉、番茄片6片、洋蔥圈12圈

2.做法：

(1)菲力牛排切成三片，用肉槌拍扁，撒上鹽、胡椒粉，放冷藏半小時。

(2)萵苣葉洗淨用手撕成二半，番茄切片。

(3)熱鍋，放奶油，將菲力牛排兩面煎黃，放入辣醬油，稍煮至汁稠。

(4)吐司兩面煎黃，抹上奶油，萵苣葉、番茄片、洋蔥圈，上放另一片吐司，成開放式三明治。

十一、鮪魚三明治

1.材料：吐司麵包6片、蛋黃醬4大匙、油漬鮪魚罐頭1罐、洋蔥末2大匙、酸黃瓜末2大匙、西芹末2大匙、鹽1/2小匙、白胡椒1/4小匙

2.做法：

(1)將油漬鮪魚罐打開，倒出油、鮪魚壓碎，加入蛋黃醬、洋蔥末、酸黃瓜末、西芹末、鹽、味精拌勻。

(2)吐司去硬邊，抹上鮪魚餡，蓋上另一層吐司，對切。

十二、火腿乳酪三明治

1.材料：火腿6片、吐司12片、奶油6大匙、切片起司6片

2.做法：

(1)鍋中熱1大匙奶油，將火腿放入兩面煎黃。

(2)吐司拌少許奶油另熱鍋，放入奶油將吐司麵包兩面煎黃。

(3)吐司麵包中放火腿、起司片，放烤箱180℃烤至起司軟化。

十三、培根、萵苣、番茄三明治

1. 材料：培根6片、吐司麵包12片、奶油3大匙、結球萵苣100公克、番茄片100公克

2. 做法：

   (1)吐司麵包放烤箱兩面烤上色、塗上奶油。

   (2)培根煎或烤至酥脆，結球萵苣洗淨。

   (3)將番茄片、萵苣片平鋪於抹油的吐司片上，蓋上第二片吐司，再於萵苣與培根，放上第三片吐司。

   (4)吐司去硬邊，對角斜切。

第十五章

沙　拉

沙拉是將蔬菜、水果、肉類拌入沙拉醬，做出營養均衡的菜餚。

第一節　沙拉醬

一、沙拉醬

沙拉醬是利用油及香料拌合，淋在菜上面，拌著吃。一般分為二大類。

二、沙拉醬之分類

(一)永久性乳糜化

利用蛋黃中的卵磷脂可使油水均勻地混合，成穩定乳糜化狀況。如蛋黃醬及千島沙拉醬。

(二)非永久性乳糜化

將沙拉油拌入各式香料混合，吃時再搖勻淋在菜上面。如法式沙拉醬。

三、沙拉醬之種類

(一)蛋黃醬

1.材料：蛋黃1個、沙拉油3/4杯、白醋1大匙、細砂糖2小匙、鹽1/2小匙。

2.做法：

(1)將蛋黃放於圓形底面積小的不鏽鋼盆中，慢慢加入1小匙沙拉油，拌打均勻，至油與蛋黃拌勻後再加1大匙的沙拉油，當油加至杯時，慢慢加入白醋，再加入沙拉油打勻。

(2)打好後加糖、鹽調味。

(3)拌打沙拉醬時若剛開始加油太快，會使油水分離，此時將失敗的蛋黃

取出，再以1個蛋黃為基礎，慢慢加入沙拉醬拌打，至乳糜化狀將失敗的
蛋黃加入，此時變成2個蛋黃可容納1.5杯沙拉油，白醋、細砂糖、鹽可
斟酌加入。

(二)法式沙拉醬

1. 材料：細砂糖1大匙、鹽1/4小匙、紅椒粉1/4小匙、芥末粉1/4小匙、沙拉
   油6大匙、檸檬汁4大匙。
2. 做法：
   (1)將細砂糖、鹽、紅椒粉、芥末粉拌勻。
   (2)沙拉油、檸檬汁拌勻，拌入細砂糖、鹽、紅椒粉、芥末粉、放瓶中，
   吃前再搖勻，淋上蔬菜上。

第二節　各式沙拉

一、主廚沙拉（Chef's Salad）

1. 材料：生菜葉（洗淨、冷藏）1個、熟火腿條1杯、煮熟雞肉條1杯、瑞士
   起司條1杯、切碎青蔥1/2杯、切片芹菜1/2杯、鯷魚罐（約2唡）1罐、沙
   拉醬1/2杯、法式沙拉醬1/4杯、硬煮蛋（切片）2個、紅番茄（切楔形）2
   個。
2. 做法：
   (1)將生菜葉洗淨，以手撕成一口大小，泡冰水，吃前取出，濾乾放盤中。
   (2)沙拉醬與法式沙拉醬拌勻。
   (3)盤中放生菜，上放熟火腿條、熟雞肉條、瑞士起司條、青蔥、芹菜、
   鯷魚、切片硬煮蛋、番茄片，淋上沙拉醬。

二、德式馬鈴薯沙拉 (Hot German Potato Salad)

1. 材料：馬鈴薯5個、醃肉片5片、切碎洋蔥1/2杯、麵粉2大匙、糖2大匙、鹽2小匙、芹菜末1/2小匙、胡椒粉1/2小匙、水1/2杯、醋1/4杯、油2大匙。

2. 做法：

   (1)薯鈴馬削除外皮，放入1杯水加1/2小匙鹽放入煮鍋，改小火燜煮30分鐘至馬鈴薯軟，取出切片。

   (2)炒鍋中放油，將醃肉片炒至脆，取出，利用炒醃肉片之油放入切碎洋蔥至洋蔥軟，加入麵粉，鹽、糖、芹菜末、胡椒粉、水、醋煮稠，拌入馬鈴薯片和醃肉片。

三、中式蔬菜 (Chinese-Style Vegetables)

1. 材料：水1大匙、高麗菜條3杯、芹菜片1杯、切碎洋蔥1/2杯、切條青椒1個、鹽1小匙、胡椒1/8小匙、醬油1大匙。

2. 做法：炒菜鍋中放入水、高麗菜條、芹菜片、切碎洋蔥、青椒條，加蓋煮5分鐘，至葉軟，加鹽、胡椒、醬油調味。

四、蜜桃沙拉 (Peach Salad)

1. 材料：cottage cheese 1/3杯、烤過杏仁片1大匙、切碎紅櫻桃1大匙、3個罐頭水蜜桃（對切）、椰子條2大匙、生菜葉。

2. 做法：

   (1)將cottage cheese、杏仁片、紅櫻桃拌勻。

   (2)將生菜葉洗淨，泡冰水，取出放盤中，上放切片的水蜜桃，中間放拌勻的cheese、杏仁片、紅櫻桃及椰子條。

五、蘋果橘子沙拉（Apple Grapefucit Salad）

1.材料：蘋果2個、橘子瓣10瓣、生菜葉1個、沙拉醬3大匙。

2.做法：

　(1)將生菜葉洗淨，撕成一口大小，泡冰水至脆，吃前取出放盤中。

　(2)蘋果去籽切成楔形，將蘋果片、橘子瓣交錯排於生菜葉上，淋上沙拉醬。

六、強烈風味番茄凍（Tangy Tomato Aspic）

1.材料：滾水1.25杯、檸檬風味明膠粉100公克、番茄醬1杯、醋1大匙、鹽1/2小匙、洋蔥汁1/2小匙、紅椒醬1/8小匙、芹菜丁1杯、沙拉醬1/2杯、煮熟蝦仁半斤。

2.做法：

　(1)將滾水倒入明膠粉攪拌至明膠粉溶化，拌入番茄醬、醋、鹽、紅蔥汁、紅椒醬、芹菜丁，放入模型中，放冰箱冷藏至結凍，倒放於盤中。

　(2)將煮熟蝦仁拌上沙拉醬，一起供應。

七、法式鳳梨番茄沙拉（Pineapple-Tomato Vinaigrette）

1.材料：罐頭鳳梨片1罐、生菜葉1個、番茄1個、青椒1/2個、法式沙拉醬1/2杯。

2.做法：

　(1)生菜葉洗淨，放盤中，番茄切圓片，青椒切條。

　(2)上放鳳梨片、番茄片、青椒片，淋上法式沙拉醬。

八、黃瓜沙拉

1.材料：生菜葉1個（洗過並冷藏）、羅曼生菜1個（洗過並冷藏）、小黃
瓜2條、小紅纓桃蘿蔔（切片）1/4杯、沙拉油1/4杯、藍乳酪3大匙、白醋
2大匙、鹽1/2小匙、切屑蒜頭1大匙、黑胡椒1/4小匙。

2.做法：

(1)生菜葉、羅曼生菜洗淨，用手撕成一口大小，洗過並冷藏。

(2)小黃瓜去蒂、小紅櫻桃蘿蔔洗淨切薄片。

(3)將沙拉油、藍乳酪、白醋、鹽、蒜屑、黑胡椒拌勻。

(4)將所有蔬菜拌勻，淋上拌好的沙拉醬。

九、凱撒沙拉

1.材料：羅曼萵苣1個（洗過並冷藏）、雞蛋1個、檸檬汁1個、切碎帕美
森起司1/2杯、鯷魚罐頭（2喃）1罐、吐司4片、蒜頭1顆（切片）、沙拉
油1/2杯、鹽1小匙、芥末粉1/2小匙、胡椒粉1/2小匙、烏斯特辣醬1.5小
匙。

2.做法：

(1)雞蛋洗淨，加水沒過雞蛋，煮滾後30秒鐘，將蛋取出放冷水中。

(2)將檸檬汁、蒜頭片、沙拉油、鹽、芥末粉、胡椒粉、烏斯特辣醬拌
勻。

(3)吐司麵包撒上小匙蒜粉，放入180℃烤箱烤至脆切丁。

(4)羅曼萵苣洗淨，撕成一口大小，放碗中加入去殼的蛋拌勻，加鯷魚
片、帕美森起司，拌勻，淋上拌好的醬汁，撒上切丁的吐司。

十、時蘿黃瓜沙拉

1. 材料：大黃瓜1斤、酸奶油1/2杯、白胡椒粉1/2小匙、時蘿草1小匙。
2. 做法：
   (1)大黃瓜去皮、籽，對切再對切成條，再經斜切，加鹽醃20分鐘。
   (2)加礦泉水洗淨，濾乾。
   (3)酸奶油、白胡椒粉、時蘿草拌勻，加入醃好的黃瓜片，拌勻上盤。

十一、高麗菜沙拉

1. 材料：高麗菜600公克、沙拉醬1/2杯、鹽1/4小匙、白胡椒粉1/4小匙。
2. 做法：高麗菜洗淨，切細絲加鹽醃20分鐘，用礦泉水洗淨擠乾水分，拌
   入沙拉醬與白胡椒粉。

十二、翠綠沙拉

1. 材料：蘿蔓萵苣200公克、結球萵苣200公克、小黃瓜100公克、藍紋起司
   60公克、酸奶油50公克、蛋黃醬1/2杯、蒜頭（切碎）1大匙、白胡椒粉
   1/4小匙、藍紋起司（切碎）1大匙。
2. 做法：
   (1)蘿蔓萵苣、結球萵苣及小黃瓜洗好，萵苣用手撕成一口大小、小黃瓜
   切薄片，加冰水冰鎮20分鐘。
   (2)藍紋起司用篩子過篩放不鏽鋼盆，加入酸奶油、蛋黃醬、切碎蒜頭、
   白胡椒粉拌勻，若太稠加入雞高湯拌勻，加入切碎的藍紋起司，放醬
   汁杯中。
   (3)供應時盤中放萵苣、小黃瓜，附上藍紋起司醬。

十三、尼可斯沙拉（Nicoise Salad）

1. 材料：四季豆100公克、馬鈴薯250公克、蛋3個、結球萵苣150公克、番茄（切楔形）150公克、罐頭鮪魚150公克、黑橄欖10粒、鯷魚罐頭6片、酸豆1大匙、白酒醋2大匙、橄欖油4大匙、鹽1/2小匙、白胡椒粉1/4小匙。

2. 做法：

   (1)四季豆洗淨，切成5公分長，入滾水汆燙速沖冷水。

   (2)馬鈴薯洗淨入水煮軟，取出切片。

   (3)蛋洗淨帶殼放入冷水，煮滾計時12分鐘，取出速沖冷水剝除外殼切成楔形。

   (4)萵苣洗淨，撕成一口大小放沙拉盤中。

   (5)鮪魚、鯷魚罐頭去水與油漬。

   (6)白酒醋、橄欖油、鹽、白胡椒粉拌匀。

   (7)沙拉中將各材料放上，淋上白酒醋汁。

十四、蛋黃醬通心麵沙拉

1. 材料：通心麵120公克、水4杯、鹽1/2匙、沙拉油1大匙、西洋芹菜（切丁）1/2杯、青椒丁1/4杯、紅椒丁1/4杯、洋蔥屑2大匙、蒜屑2大匙、蛋黃醬1/2杯、鹽1/4小匙、白胡椒粉1/4小匙。

2. 做法：

   (1)鍋中煮水，水中加鹽煮滾，放入通心麵煮10分鐘，至通心麵軟，取出拌油。

   (2)西洋芹切丁後入滾水汆燙，取出沖冷水。

   (3)蛋黃醬拌入西洋芹丁、青椒丁、紅椒丁、洋蔥屑、蒜屑、鹽、胡椒粉、通心麵拌匀。

十五、小燕麥沙拉（6人份）

1. 材料：小燕麥片180公克、小黃瓜60公克、新鮮薄荷15公克、海苔香鬆少許、番茄150公克、蔥白30公克、核桃90公克、巴西利15公克。
2. 調味料：橄欖油45公克、胡椒鹽少許、檸檬汁2大匙。
3. 做法：
   (1) 將小燕麥片以沸水泡15分鐘，待軟化後，瀝乾備用；番茄、小黃瓜洗淨、切丁；巴西利、薄荷、蔥白洗淨、切末；核桃入烤箱烤至酥脆。
   (2) 將所有材料混合，以檸檬汁、橄欖油、胡椒鹽調味拌勻，放置冰箱冷藏1小時後，上桌食用，風味最佳。
   (3) 食用前灑上香鬆、核桃，以增加口感與風味。
   ※可依個人喜好，加入少許新鮮辣椒末。

十六、雞肉水果沙拉（6人份）

1. 材料：雞胸肉300公克、水蜜桃40公克、鳳梨90公克、草莓120公克、西洋芹90公克、香蕉60公克、蘋果90公克。
2. 調味料：原味優格360公克、胡椒鹽少許、檸檬汁90公克。
3. 做法：
   (1) 雞胸肉洗淨、以胡椒鹽略醃、煎熟後，切成1.5×1.5公分的小塊。
   (2) 所有水果洗淨、去皮後，切小塊。
   (3) 取一容器，加入原味優格、檸檬汁，再放入雞胸肉及水果拌勻，即可盛盤上桌。

十七、開胃鮮蔬棒（6人份）

1. 材料：胡蘿蔔120公克、小黃瓜150公克、新鮮蘆筍150公克、黃甜椒60公克、黑橄欖24個、西洋芹100公克、青蔥白60公克、紅甜椒60公克、番茄12顆。

2. 調味料：原味優格360公克、胡椒鹽少許、藍莓醬300公克。

3. 做法：

   (1)所有蔬菜洗淨後，切成約0.8×10公分的條狀後，泡在冰開水中。

   (2)將原味優格、藍莓醬調勻，以胡椒鹽調味。

   (3)將泡過冰開水的各種鮮蔬瀝乾、盛裝進杯中，附上【做法2】的醬汁。

   (4)以鮮蔬棒沾取醬汁食用。

十八、大黃瓜優格沙拉（6人分）

1. 材料：大黃瓜600公克、核桃100公克、什蔬香鬆少許、蘋果200公克、葡萄乾80公克、海帶芽60公克。

2. 調味料：原味優格200公克、胡椒鹽少許、檸檬汁1大匙、鹽少許。

3. 做法：

   (1)大黃瓜洗淨、去皮，對切去籽後，切成約0.3公分的薄片，用鹽醃15分鐘至出水，瀝乾備用。

   (2)蘋果洗淨、切片；核桃入烤箱烤至上色；海帶芽洗淨、切成0.5公分小段。

   (3)將醃製後的大黃瓜，加入蘋果、一半的葡萄乾，並與原味優格、檸檬汁拌勻。

   (4)盛盤後，放上海帶芽，再撒上核桃和另一半的葡萄乾及香鬆，增加口感與風味。

十九、鮮果沙拉（6人份）

1. 材料：水蜜桃120公克、奇異果120公克、香蕉120公克、鳳梨120公克、蘿蔓生菜120公克、蘋果150公克、木瓜120公克、草莓120公克、新鮮薄荷葉6片。
2. 調味料：原味優格390公克、胡椒鹽少許、檸檬汁105公克。
3. 做法：
   (1)所有水果洗淨、切丁，蘿蔓生菜、薄荷葉洗淨備用。
   (2)將原味優格與檸檬汁混合，以胡椒鹽調味，再加入水果丁拌勻，再以蘿蔓生菜、薄荷葉裝飾，即可上桌。

二十、鮮蔬優格沙拉（6人份）

1. 材料：白花椰菜60公克、綠花椰菜60公克、甜豌豆60公克、紅甜椒60公克、紫色山藥60公克、櫻桃蘿蔔30公克、黑橄欖60公克、小番茄18顆。
2. 調味料：原味優格210公克、芥茉醬60公克、胡椒鹽少許、蜂蜜90公克、檸檬汁少許、檸檬皮少許。
3. 做法：
   (1)綠花椰菜、白花椰菜去梗、去除外皮，泡冷水約30分鐘；甜豌豆洗淨、去蒂；甜椒洗淨、切三角形；紫色山藥去皮、切三角形。以上蔬菜依序汆燙備用。
   (2)櫻桃胡蘿蔔洗淨、切片；小番茄洗淨，備用。
   (3)取一容器放入芥末醬、蜂蜜拌勻，再加入原味優格、檸檬汁，用胡椒鹽調味。
   (4)將各種鮮蔬盛盤，淋上醬汁，灑上黑橄欖、小番茄，並以檸檬皮增加香氣。
   (5)上桌時可附上醬汁，酌量使用。

二十一、海鮮沙拉附油醋汁

1. 材料：草蝦200公克、淡菜200公克、花枝200公克、鮭魚200公克、檸檬1/2個、高湯（洋蔥丁1/4杯、紅蘿蔔丁1/4杯、西洋芹丁1/4杯）、香料類（月桂葉1片、香芹梗1支、白酒1大匙）、油醋汁（白酒醋2大匙、橄欖油3大匙、洋蔥丁1/4杯、蒜屑1大匙、九層塔（切碎）6葉）、結球萵苣200公克。

2. 做法：

   (1) 草蝦去頭、尾、腸泥；淡菜去外殼、腸泥；花枝去外膜、腸泥，切成圈狀；鮭魚切片；結球萵苣洗淨，撕成一口大小，泡冰水。

   (2) 鍋中放6杯水，加入高湯用洋蔥丁、紅蘿蔔丁、西洋芹丁、香料及酒煮15分鐘，濾出菜丁，將草蝦、淡菜、花枝、鮭魚依序放入淡熟，撈起待冷卻。

   (3) 將白酒醋、橄欖油、洋蔥丁、蒜屑、九層塔屑拌勻。

   (4) 取沙拉盤，先放結球萵苣，再放草蝦、淡菜、花枝、鮭魚，淋上檸檬汁及油醋汁。

第十六章

香　料

香料爲草本植物，通常爲一年生，有烹飪調味和醫療的用途。香料在歷史上曾有過重大的影響力，在中世紀的歐洲，香料成爲炙手可熱的奢侈品，是促使歐洲地理大發現的主要原因之一。

香料通常都會經過乾燥處裡，其味道與特色會比新鮮香料還來得濃郁，通常一茶匙的乾燥香料等於三茶匙甚至一大匙的新鮮香料。

第一節　香料的種類及烹調

一、百里香（Thyme）

百里香又稱「麝香草」，產地以地中海沿岸爲主，常用在燉肉或是魚料理上，爲使香氣充分地發揮。百里香爲歐洲常用的香料，也是法式料理不可或缺的必備香料之一。

二、蒔蘿（Dillweed）

原產於地中海沿岸、俄羅斯南部，其種子的味道強烈具刺激性，常應用在肉類的烹調裡，也可用來裝飾沙拉。蒔蘿同時也具有健胃、緩和情緒的功效。

三、迷迭香（Rosemary）

產自地中海沿岸，依植株的形狀可大致分爲兩類：直立型與匍匐型。迷迭香常應用在醃漬牛肉、羊肉上，若應用在湯或是沙拉的料理中會讓迷迭香的特質減少。由於原產於地中海沿岸，因此義大利料理偏好使用迷迭香作爲香料。

四、羅勒（Basil）

羅勒又稱爲「西洋九層塔」，廣泛分布在熱帶地區。是義大利料

理中不可或缺的香料，常應用在各式義大利料理中。因爲加熱時間過久會降低原有的風味，因此建議在菜餚完成前後再加入，以發揮羅勒的特色。

羅勒味道與九層塔類似，可用於烘烤食品、調味汁，或酒精飲料之調味料，尤其適合與以番茄爲主的料理搭配，如義大利麵、炒蛋、魚或蛤鮮濃湯、番茄湯、燉牛肉通心麵等。

五、荷蘭芹（Persil）

又稱巴西利，產於地中海沿岸，味道和搗碎過的綠草味相似，具有除口臭或蒜味的功能，是常見的香草配料，常用來做裝飾，有時也會把它切碎後加入奶油中或撒在盤子上點綴。

六、馬芹（Cumin）

一年生木，花青白色，種子爲黑色，有辛味及香氣，種子做咖哩粉的混合香料，用於做湯、香腸、麵包之香料。

七、香芹粉（Celery powder）

使用於湯類、蛋類、調味汁、沙拉、醃漬物、番茄醬以及肉製品中，香味強而且持久，可取代許多需要新鮮芹菜汁菜餚上。

八、芹菜鹽（Celery salt）

芹菜鹽是種全能調味料，可用於燉烤肉類，加於番茄醬或烤肉醬中，亦可撒用於湯類或煎蛋等，作爲調味鹽使用。

九、茴香（Fennl）

茴香具有增進食慾、健胃的功能，原產於南歐，常用在烹調魚貝類的料理、法式烘焙品內或是作爲美乃滋的配料等。

十、凱莉茴香（Caraway seeds）

凱莉茴香又名葛縷子，原產於歐洲、亞洲及北非等地，主要用於香腸、肉品加工及燕麥麵包。適用於肉去腥味，如肉捲、燜牛肉、燉類、家禽、魚類燉盅。

十一、姬茴香（Caraway）

二年生草本，根爲黃白色，肉質細緻，果實是長橢圓形，黃色具芳香味。果實主要成分爲Carvon，可作爲餅乾、麵包、香腸、洋酒之香料，根可做蔬菜，風味與胡蘿蔔相似。

十二、小茴香（Fennel）

多年生草本植物，果實圓柱形。果實蒸餾後可得精油成分爲茴香醚（Anethol, $C_{10}H_{12}O$），作爲麵包、洋酒、飲料之香味料。

十三、番紅花（Saffron）

原產地在南歐，其中以西班牙的瓦倫西亞出產的品質最好。番紅花可說是全世界最珍貴的香料，因爲一朵番紅花只有3個柱頭，而要收集1公克的番紅花香料則需要160朵左右的番紅花。番紅花主要是爲了達到料理的染色效果，像是著名的法式料理馬賽海鮮湯（bouillabaisse），番紅花爲其中不可或缺的香料。

十四、九層塔

一年生草本，株高60公分，葉成長橢圓形，花爲穗狀輪繖花序。新鮮葉或嫩芽可作爲蔬菜調味料，可提煉精油用於麵包、酒、醬油、醋湯。

十五、紫蘇

一年生草本，葉對生，呈鋸齒狀。株高90-120公分。葉可做著色劑、香料及精油，葉常作爲梅子之著色劑，種子可提煉香油。

十六、牛膝草（Marjoram Leanes）

適用於肉類、魚類、豆類之料理，放於馬鈴薯、雞肉等沙拉醬等。

十七、桂皮

爲樹木的皮，用於烹調腥味較重的菜餚。以質細、有桂香、甜、土黃色爲佳。

十八、咖哩粉

以薑黃粉爲主，加上白胡椒、芫荽子、小茴香、桂皮、花椒、薑片調配而成。色黃、味辣而香。

十九、五香粉

由薑、桂皮、草果等香料研磨而成，有多種香味。使菜餚發揮出誘人香味。

二十、蝦醬

用小蝦及鹽研磨而成。放入鮮肉、菜內，味鮮美，可生吃亦可沾醬。

二十一、嫩精（Meat tenderizer）

係純植物果子酵素製成，以煎牛排、炒牛肉最佳，次對其他老韌肉類嫩化均有特效。

二十二、黑胡椒粉（Black pepper）

黑胡椒因品種和產地不同，風味亦有極大差異。黑胡椒粉以精選之一級馬來椒研磨，適用於湯類、肉類調理、沙拉或即席撒用等。

二十三、粗粒黑胡椒（Black pepper）

黑胡椒在精心處理分類下，具胡椒獨特原味，通常粗粒或原粒多用於醃漬肉或調味汁、牛排等。

二十四、白胡椒粉（White pepper）

白胡椒因品種和產地不同，風味亦有極大差異。係以一級之白胡椒研磨，香味純正，適用於酸辣湯等湯類或肉品醃漬。

二十五、美式胡椒鹽（Pepper Salt）

適用於炸烤魚肉類及漢堡等之沾食或撒用。

二十六、五香粉（Stew powder）

可用於炒菜、醃肉、滷味等，香味純正、持久。

二十七、印度咖哩（Curry powder India）

咖哩以進口印度、埃及、伊朗等地最好之香料，調配出風味均衡，金黃色澤。

二十八、香蒜粉（Garlic powder）

蒜粉及蒜粒可完全代替新鮮蒜頭，使用於魚肉類調理、去魚腥、西式湯汁、調理沙拉、義大利麵、牛排醬、做蒜泥佐料、大蒜麵包等，方便實用。

二十九、紅椒粉（Red pepper）

適用於一般魚肉類調理，湯類或火鍋調味。

三十、匈牙利紅椒粉（Paprika powder）

適用於燉類、肉類、香腸、烘焙食品之調味。

三十一、素食咖哩（Curry powder for vegetarian）

素食咖哩是專為素食者而調配。

三十二、雞汁咖哩（Curry powder with chicken essence）

雞汁咖哩係將印度咖哩調和肌肉原汁等調味料，能呈現更完美的咖哩風味。

三十三、紅椒片（Red pepper crushed）

一般使用義大利式調味醬及墨西哥菜餚上，如燉牛肉、切盤、湯麵或撒在披薩上，具有味覺及視覺雙重效果。

三十四、肉桂捲（Cinnamon qround）

錫蘭進口之高級香料，可用於攪拌熱茶、咖啡、巧克力飲料或燉煮牛肉、醃肉、醃漬水果等。

三十五、丁香粉（Clove ground）

丁香粉係以上選進口丁香研磨而成，一般使用於巧克力布丁，烘焙糕餅或肉類調理等。

三十六、丁香粒（Clove buds）

丁香粒係以丁香樹之花苞乾燥而成，通常使用於火腿、豬肉、甜點、醃漬食品等。

三十七、薑母粉（Ginger powder）

辛香薑粉可代替一般生薑使用，如於魚類等汁調味、去腥等，亦可用於烘焙薑餅、薑麵包及薑布丁派，或於醃漬水果及製作素食薑湯去寒等。

三十八、茵陳蒿（Tarragon）

適用於肉品雞肉、蛋類、魚類、醃漬物、燉菜、沙拉醬、乳酪醬之調味。

三十九、洋蔥粉（Onion ground）

洋蔥粉香味甜美，一大湯匙洋蔥粉經復水後相當於一個大洋蔥，加於湯類、燉肉、醃肉中可代替新鮮洋蔥使用，開封後請密閉冷藏或置於陰涼處。

四十、甘椒（All spice ground）

甘椒同時具有肉桂、丁香、荳蔻之香味，亦名眾香子，使用範圍廣泛，特別適用於蒸、煮、燉、燜小牛肉、羊肉或漢堡等肉類或使用於水果蛋糕、蜂蜜蛋糕等。

四十一、小荳蔻（Cardamon seeds）

阿拉伯國家喜用小荳蔻泡咖啡作爲待客之主要飲料。小荳蔻爲較高價之香料，咖哩粉中常少不了，另可用於牛肉餅或烘焙食品等。

四十二、荳蔻粉（Nutmeg ground）

荳蔻粉通常用於甜點、布丁類或烘焙糕餅、魚、肉加工等，如甜甜圈（Dough nut）上少不了要放些荳蔻粉，否則就失了吸引人的味道。

四十三、胡荽子（Coriander ground）

胡荽粉多用於肉類加工（如熱狗、香腸等）及烘焙食物、咖哩粉。

第十七章

酒　類

在西方世界裡，用酒來伴隨餐點飲用是種習慣，他們很講究什麼性質的酒就要搭配什麼樣的菜色，也認為適量的飲酒可以促進血液循環，因此在部分料理上，也會添加烹調用酒來提升菜餚的美味。

第一節　酒的分類

依分類上來說，可以把酒分為飲用酒與烹調用酒兩種。

第二節　烹調用酒的用途

烹調用酒的用途很多樣化，像是醃漬（Marinade）、燃燒（Flamer）、溶解肉渣（Deglaze）等。

一、醃漬（Marinade）

醃漬的使用原則和中式的醬油差不多，除了調味以外也可以透過浸泡的過程中達到軟化肉質的效果，而浸泡過的酒也可以製成醬汁；在醃漬的過程中，可以再添加一些合適香料，使美味度提升。

二、燃燒（Flamer）

通常多會用高酒精濃度的酒（像是伏特加、干邑白蘭地、馬德拉等）來進行燃燒動作。要注意的是，一定要將酒精完整燃燒掉，否則嘗起來會有苦澀的味道，也會使食用者酒醉。燃燒除了可以造成噱頭外，也可以讓食物的表面焦化，進而散發出更香的風味，因此也會在客人面前表演，以展現特色。

三、溶解肉渣（Deglaze）

　　肉類食品經過油煎或是爐烤後會產生一些殘渣、肉屑，不過這些殘渣也含有食物的精華，因此將鍋內的殘留油汁倒掉後再燒鍋後，可以用較大眾化的酒來溶解這些肉屑，並將這些酒拿來製作醬汁。

第三節　料理常見的酒類

一、葡萄酒（Vins）

　　葡萄酒式烹調用酒中使用最為廣泛的，它的顏色可以增添荣餚的視覺效果並可提升風味。葡萄酒內含丹寧酸，因此具有中和肉類中酸性物質的功效。

　　(一)分類

　　　　葡萄酒大致上可分為紅葡萄酒、白葡萄酒及玫瑰紅酒，酒精濃度約占4-18%。紅葡萄酒和白葡萄酒的差異除了選用的葡萄不同以外，紅葡萄酒有帶皮榨汁，白葡萄酒則是去皮榨汁，因此在外觀上白葡萄酒的顏色較淡，而玫瑰紅酒的的顏色則介於兩者之間。

　　(二)烹調

　　　　紅葡萄酒與白葡萄酒在作為烹調用酒時，使用的對象也不同：紅葡萄酒的口感較澀、味道醇厚且甜度較低，所以比較適合運用在禽畜肉的料理；而白葡萄酒的色澤較淡，且味道和口感較清甜，適合運用在海鮮的料理上。

二、白蘭地（Brandy）

　　白蘭地也是以葡萄為原料，不過也有利用蘋果、杏桃等其他原料製作而成，酒精濃度約在43%。

(一)分類

在所有白蘭地品種裡，以法國出產的干邑白蘭地（Cognac）品質最好也最出名。白蘭地依照酒齡分等級，其等級由高到低的酒齡分別為：6年以上、4年半以上及30個月以上。

(二)烹調

在料理的應用上，不需要用價值昂貴的白蘭地，只要是白蘭地酒就可以了。可應用於製作魚類和貝類的菜餚上。

三、威士忌（Whisky/Whiskey）

威士忌是以穀物或麥芽為原料所釀造出來的一種酒，其酒精濃度約40%，在眾多品種的威士忌當中以蘇格蘭威士忌最有名。威士忌具有快速焦化食物表面的功能，除此之外，有些餐廳也為利用威士忌燃燒食物的特性作為桌邊服務（Table Sevice）的噱頭。

(一)馬德拉酒（Madeira）

馬德拉酒是馬德拉島特產的葡萄酒，屬加強葡萄酒（Fortified Wine）一類，雖然它屬於高酒精濃度的強化酒，但本身的酒精濃度只有18%左右，其餘的酒精濃度成分都是添加而成；品質比較高的被用作開胃酒或飯後酒，品質比較低的也用在烹調中。

馬德拉紅酒依照甜度可分為：馬爾美希（malmsey）、布雅爾（bual）、舍希雅爾（Sercial）、凡得魯（Verdelho）和雨水（Rain Water），共五等級，其中以舍希雅爾最為香醇，且口感及色澤都最適合烹調。

(二)波特酒（Porto）

波特酒是以葡萄牙的集散中心奧波多（Porto/Oporto）來命名的酒，主要產地為葡萄牙北部的杜羅河（Douro）地區，製造方法也是以紅葡萄為原汁，再加上葡萄蒸餾酒所調製而成，也是屬於強化酒的一種。

第十八章
道納司（Doughuut）

將麵粉加入酵母或發粉成麵糰,經油炸成的,又稱為圓圈餅或幸運圈。

一、道納司之分類

可分為酵母圈圈餅或蛋糕圈圈餅。

(一)酵母道納司

利用酵母作為膨大劑,產品式樣完整、柔軟,攪拌時用高筋麵粉須打出麵筋。

(二)蛋糕道納司

利用化學膨大劑,產品體積小,式樣不完整,受到麵糊濃稠與稀的特性影響,尤以麵糊太稀成品會鬆散,麵糊太硬,產品會有龜裂的現象,攪拌用低筋麵粉。

二、材料選用

(一)酵母道納司

使用高筋麵粉、糖、鹽、水蛋、新鮮酵母,改良劑、奶油,拌成麵糰,須經1.5-2小時發酵。

(二)蛋糕道納司

使用低筋麵粉、糖、鹽、水、蛋、發粉、奶粉,拌成糊狀,調成麵糊即可放入擠花袋擠成圓形。

三、整形

酵母道納司發酵好後取出擀成1.2公分厚,再用空心圓模型壓出,經35℃,80-85%最後發酵30分鐘。

四、油炸

以180℃油溫，每面各炸1.5分鐘。油炸時一面呈金黃色再翻面，油炸時盡量避免生粉入油中，油炸時可加入新油，炸好的油應予以過濾，除去雜質。

五、撒糖粉

當道納司涼了後，撒肉桂糖粉。

六、酵母道納司

1.材料：

表18-1　酵母道納司材料

材料	百分比（%）	重量（公克）
高筋麵粉	80	400
低筋麵粉	20	100
細砂糖	15	75
鹽	1.5	7.5
奶粉	5	25
水	20	100
蛋	25	125
新鮮酵母	5	25
發粉	2	10
奶油	10	50

2.做法：

　(1)將高筋麵粉、低筋麵粉、細砂糖、鹽、奶粉、水、蛋、新鮮酵母、發粉、奶油放入攪拌缸中攪拌成麵糰。

(2)經2小時發酵，平鋪於麵板，鬆弛10-15分鐘，擀成1.2公分厚片，用空心模型壓出，經35℃，80-85%；最後發酵30分鐘，入180℃；每面炸1-1.5分鐘，炸好後待涼撒肉桂糖粉。

第十九章
奶油空心餅

奶油空心餅是一種皮脆內餡冰涼的點心，深受大家歡迎，現就將皮與內餡做法敘述於下：

一、外皮部分（20個）

1.材料：高筋麵粉1杯、白油1/4杯、鹽1/2小匙、水1/2杯、蛋5個

2.做法：

 (1)將白油、水、鹽倒入煮鍋中煮滾，速倒入高筋麵粉拌攪，至麵粉呈稠狀，熄火。蛋液打勻。

 (2)麵糊放涼至60℃以下，慢慢加入蛋液，至攪拌出的麵糊在打蛋器呈等腰三角形，麵糊不會滴下來。

 (3)將擠花袋中裝入鋸齒形花嘴，麵糊放入，烤盤抹白油，撒上麵粉，將多的麵粉倒出間隔5公分，擠出圓螺旋形狀，以噴水器噴水。

 (4)將烤箱預熱至180℃，烤25分鐘，烤的中間不宜開烤箱，以免遇到冷空氣使成品塌陷。

二、內餡

內餡有香草布丁餡、巧克力餡及鮮奶油餡。

(一)香草布丁餡

1.材料：

 (1)水1/2杯、細砂糖3大匙、鹽1/8小匙。

 (2)蛋黃2個、玉米粉3大匙、鮮奶1/2杯。

 (3)奶油2大匙、香草片1片。

2.做法：

 (1)將A部分的水、細砂糖、鹽放入煮鍋煮滾。香草片壓成粉狀。

 (2)將B部分的蛋黃、玉米粉、鮮奶拌勻，將煮好糖水慢慢倒入1/3至奶粉水中拌勻，再倒入糖水中煮稠，拌入奶油及香草粉末拌勻。

(二)巧克力餡

1.材料：

　(1)水１/2杯、細砂糖3大匙、可可粉3大匙。

　(2)鹽1/8小匙、蛋黃2個、玉米粉4大匙、鮮奶1/2杯。

　(3)奶油2大匙。

2.做法：

　(1)水、糖、可可粉拌勻煮沸。

　(2)鹽、蛋黃、玉米粉、鮮奶拌勻，將煮好的糖水倒入1/3至奶粉水中拌勻，再倒入糖水中煮稠，拌入奶油。

(三)鮮奶油餡

1.材料：鮮奶油2杯、細砂糖1/4杯、白蘭地酒1大匙。

2.做法：用圓形底面積小的不鏽鋼盆，倒入鮮奶油，下放墊冰塊圓盆，以中速同一方面打發，慢慢加入細砂糖，打好拌入白蘭地酒。

Note

家圖書館出版品預行編目資料

西餐烹調／黃韶顏，倪維亞，曾群雄著. ——
初版. ——臺北市：五南，2013.09
　面；　公分.
SBN 978-957-11-7211-8（平裝）
.烹飪　2.食譜
27　　　　　　　　102013780

1L75　餐旅系列

西餐烹調

作　　　者 ―	黃韶顏(296.6)　倪維亞　曾群雄	
發 行 人 ―	楊榮川	
總 編 輯 ―	王翠華	
主　　編 ―	黃惠娟	
責任編輯 ―	盧羿珊　李鳳珠	
封面設計 ―	童安安	
出 版 者 ―	五南圖書出版股份有限公司	

地　　　址：106台北市大安區和平東路二段339號4樓

電　　　話：(02)2705-5066　　傳　　真：(02)2706-6100

網　　　址：http://www.wunan.com.tw

電子郵件：wunan@wunan.com.tw

劃撥帳號：19628053

戶　　　名：五南圖書出版股份有限公司

台中市駐區辦公室/台中市中區中山路6號

電　　　話：(04)2223-0891　　傳　　真：(04)2223-3549

高雄市駐區辦公室/高雄市新興區中山一路290號

電　　　話：(07)2358-702　　傳　　真：(07)2350-236

法律顧問　林勝安律師事務所　林勝安律師

出版日期　2013年9月初版一刷

定　　價　新臺幣380元